工业机器人系统维护

主　编　戴艳涛　杜丽萍

副主编　关　彤　王清宇　季东军

参　编　胡江川　石　龙

主　审　孙福才　李　鹏

北京理工大学出版社

BEIJING INSTITUTE OF TECHNOLOGY PRESS

内 容 简 介

本书是通过对工业机器人技术相关岗位的调研，根据企业对专业人才的实际需求编写而成的一体化教程，以工作过程为导向，以典型工作任务为引领，结合现代职业教育特点，便于学生自主学习。编者通过与行业、企业技术人员一起分析工业机器人维护工作过程，梳理和归纳出学习工作任务，以典型工作任务为学习单元，以典型工作过程为内容，以实际工作环境为场景，精心编写了5个项目共14个学习任务。本书内容主要包括工业机器人机械结构系统维护、工业机器人驱动系统维护、工业机器人电气控制系统的操作与维护、工业机器人本体保养检查及操作安全、典型品牌工业机器人维护保养。本书注重加强学生实践操作能力的培养，通过具体事件使学生懂得如何运行和维护工业机器人，而不只是简单掌握理论知识。另外，本书还配有电子课件、视频、习题及答案等资源。

本书可作为高等院校、高职院校工业机器人技术、机电一体化技术、自动化技术专业学习用书，是国家职业教育倡导使用的工作手册式教材，也可作为工业机器人职业技能培训教材及供从事工业机器人维修维护的企业技术人员参考使用。

图书在版编目（CIP）数据

工业机器人系统维护／戴艳涛，杜丽萍主编. —北京：北京理工大学出版社，2024.3

ISBN 978-7-5763-3948-2

Ⅰ.①工…　Ⅱ.①戴…②杜…　Ⅲ.①工业机器人-维修-教材　Ⅳ.①TP242.2

中国国家版本馆 CIP 数据核字（2024）第 092303 号

责任编辑：钟　博　　**文案编辑：**钟　博
责任校对：刘亚男　　**责任印制：**李志强

出版发行 / 北京理工大学出版社有限责任公司
社　　址 / 北京市丰台区四合庄路 6 号
邮　　编 / 100070
电　　话 / （010）68914026（教材售后服务热线）
　　　　　　（010）63726648（课件资源服务热线）
网　　址 / http://www.bitpress.com.cn

版 印 次 / 2024 年 3 月第 1 版第 1 次印刷
印　　刷 / 涿州市京南印刷厂
开　　本 / 787 mm×1092 mm　1/16
印　　张 / 15
字　　数 / 389 千字
定　　价 / 79.80 元

编写说明

中国特色高水平高职学校和专业建设计划（简称"双高计划"）是我国教育部、财政部为建设一批引领改革，支撑发展，具有中国特色、世界水平的高等职业学校和骨干专业（群）的重大决策建设工程。哈尔滨职业技术大学（原哈尔滨职业技术学院）作为"双高计划"建设单位，对中国特色高水平高职学校建设项目进行顶层设计，编制了站位高端、理念领先的建设方案和任务书，并扎实地开展人才培养高地、特色专业群、高水平师资队伍与校企合作等项目建设，借鉴国际先进的教育教学理念，开发具有中国特色、遵循国际标准的专业标准与规范，深入推动"三教"改革，组建模块化教学创新团队，落实课程思政建设要求，开展"课堂革命"，出版校企双元开发的活页式、工作手册式等新形态教材。为了适应智能时代先进教学手段应用，哈尔滨职业技术大学加大优质在线资源的建设，丰富教材载体的内容与形式，为开发以工作过程为导向的优质特色教材奠定基础。按照教育部印发的《职业院校教材管理办法》的要求，本系列教材体现了如下编写理念：依据学校双高建设方案中的教材建设规划、国家相关专业教学标准、专业相关职业标准及职业技能等级标准，服务学生成长成才和就业创业，以立德树人为根本任务，融入课程思政，对接相关产业发展需求，将企业应用的新技术、新工艺和新规范融入教材。本系列教材的编写遵循技术技能人才成长规律和学生认知特点，适应相关专业人才培养模式创新和优化课程体系的需要，注重以真实生产项目、典型工作任务、典型生产流程及典型工作案例等为载体开发教材内容体系，理论与实践有机融合，满足"做中学、做中教"的需要。

本系列教材是哈尔滨职业技术大学中国特色高水平高职学校项目建设的重要成果之一，也是哈尔滨职业技术大学教材改革和教法改革成效的集中体现。本系列教材体例新颖，具有以下特色。

第一，创新教材编写机制。按照哈尔滨职业技术大学教材建设统一要求，遴选教学经验丰富、课程改革成效突出的专业教师担任主编，邀请相关企业作为联合建设单位，形成一支学校、行业、企业和教育领域高水平专业人才参与的开发团队，共同参与教材编写。

第二，创新教材总体结构设计。精准对接国家专业教学标准、职业标准、职业技能等级标准，确定教材内容体系，参照行业企业标准，有机融入新技术、新工艺、新规范，构建基于职业岗位工作需要的、体现真实工作任务与流程的教材内容体系。

第三，创新教材编写方式。与课程改革配套，按照"工作过程系统化""项目+任务式""任务驱动式""CDIO 式"四类课程改革需要设计四种教材编写模式，创新活页式、工作手册式等新形态教材编写方式。

第四，创新教材内容载体与形式。依据专业教学标准和人才培养方案要求，在深入企业调研岗位工作任务和职业能力分析的基础上，按照"做中学、做中教"的编写思路，以企业典型工作任务为载体进行教学内容设计，将企业真实工作任务、真实业务流程、真实生产过程纳入教材，并开发了与教学内容配套的教学资源，以满足教师线上线下混合式教学的需要。本系列教材配套资源同时在相关平台上线，可随时下载相应资源，也可满足学生在线自主学习的需要。

第五，创新教材评价体系。从培养学生良好的职业道德、综合职业能力、创新创业能力出发，设计并构建评价体系，注重过程考核和学生、教师、企业、行业、社会参与的多元评价，充分体现"岗课赛证"融通，每本教材根据专业特点设计了综合评价标准。为了确保教材质量，哈尔滨职业技术大学组建了中国特色高水平高职学校项目建设成果系列教材编审委员会。该委员会由职业教育专家组成，同时聘请企业技术专家进行指导。哈尔滨职业技术大学组织了专业与课程专题研究组，对教材编写持续进行培训、指导、回访等跟踪服务，建立常态化质量监控机制，能够为修订完善教材提供稳定支持，确保教材的质量。

本系列教材是在国家骨干高职院校教材开发的基础上，经过几轮修改，融入课程思政内容和课堂革命理念，既具教学积累之深厚，又具教学改革之创新，凝聚了校企合作编写团队的集体智慧。本系列教材充分展示了课程改革成果，力争为更好地推进中国特色高水平高职学校和专业建设及课程改革做出积极贡献！

哈尔滨职业技术大学
中国特色高水平高职学校项目建设成果系列教材编审委员会
2025 年 1 月

前　言

工业机器人是集机械技术、电子技术、微电子技术、信息技术、传感器技术、人工智能技术等多门先进技术于一体的自动化装备，在现代制造业中发挥着非常重要的作用。随着工业机器人的应用越来越广泛，出现了工业机器人技术专业人才供不应求的情况，尤其是工业机器人维护维修工程师、系统运维员等。因此，迫切需要系统化地培养面向工业机器人技术应用的高端技能人才，以满足企业对应用型人才的需求。

本教材以习近平新时代中国特色社会主义思想为指导，贯彻落实党的二十大精神，紧密围绕实践性和应用性、安全意识、新技术和新发展，以及职业道德培养等核心要素进行编写，旨在为培养更多高素质的技术技能型人才提供有力支撑。本教材的特点如下。

1. 实践性和应用性

本教材提供大量的实际操作案例，让学生在实践中学习和掌握工业机器人的维护技能。

本教材强调理论知识与实际应用相结合，确保学生能够将所学知识直接应用于实际工作场景。

2. 安全意识

本教材内容始终贯穿安全操作规程和最佳实践，确保学生在进行工业机器人维护时始终牢记安全第一。

本教材通过案例分析，强调工业机器人操作中的潜在风险及相应的预防措施。

3. 新技术和新发展

本教材引入工业机器人领域的新技术、新工具和新设备，介绍工业机器人维护的发展趋势，如预测性维护等，以拓宽学生的视野。

4. 职业道德培养

本教材包含职业道德教育的内容，强调诚信、责任、团队协作等职业素养的重要性，通过实际案例和讨论，帮助学生建立正确的职业价值观和行为规范。

本教材是高职工业机器人技术专业核心课程的配套教材，其对接工业机器人操作与运维"1+X"证书标准（初级/中级）和工业机器人运维员国家职业技能标准。工业机器人系统维护是贯穿于工业机器人生产全过程的一项工作。本教材根据高职学校的培养目标，按照高职学校教学改革和课程改革的要求，以企业需求为基础，确定工作任务、课程目标，企业参与课程标准的制定，以能力培养为主线，共同进行课程的开发和设计。

本教材的特色与创新有如下几个方面。

1. 项目目标驱动，学习任务明确

本教材的理论体系以任务驱动为核心，采用"知识目标—技能目标—素养目标—任务描述—知识链接—任务实施"依次深入的教学模式。每个项目都是教学练结合、自成系统，内容适度，循序渐进地培养高职学生的职业素养，实践项目丰富、详尽，可操作性强。

2. 校企合作编写，弘扬"职教20条"精神

本教材在编写过程中，邀请哈尔滨电机厂责任有限公司工艺部高级工程师王清宇、李鹏以

及沈阳慧阳科技有限公司等企业人员，他们对教学大纲的拟定、教材内容的修订以及教学案例的修改提出了宝贵的建议。

3. 利用信息技术，实现课堂立体化

本教材结合现代教育教学改革的要求，不仅配有教学课件，同时添加了微课资源，在教材相应位置添设二维码，实现随时随地轻松学习。

4. 理论和实践相结合，实现教学做一体模式

本教材在每个项目中既介绍工业机器人系统维护相关知识，又介绍工业机器人在实际生产中的应用，既可以使学生对工业机器人进行整体认知，又可以使学生在实训台上进行维护保养和故障诊断，操作指导性强，支持教学做一体的教学模式。

本教材有 5 个项目，包括"工业机器人机械结构系统维护""工业机器人驱动系统维护""工业机器人电气控制系统的操作与维护""工业机器人本体保养检查及操作安全""典型品牌工业机器人维护保养"，共有 14 个学习性任务，参考教学时数为 60 学时。

本教材由哈尔滨职业技术大学戴艳涛和杜丽萍担任主编，负责确定教材编制的体例及统稿工作，戴艳涛编写项目三和项目五，杜丽萍编写项目一；由哈尔滨电机厂有限责任公司王清宇、哈尔滨职业技术大学季东军和关彤担任副主编，王清宇编写项目二任务 1，季东军编写项目二任务 2，关彤编写项目二任务 3 和任务 4；胡江川编写项目四任务 1，石龙编写项目四任务 2。

本教材由哈尔滨职业技术大学教授孙福才和哈尔滨电机厂有限责任公司高级工程师李鹏共同主审，他们提出了很多专业技术性修改建议。在此感谢中国特色高水平高职学校项目建设成果系列教材编审委员会领导为本教材的编写所给予的指导和大力帮助，同时，特别感谢沈阳慧阳科技有限公司总经理陈立秋所给予的指导和技术支持。

由于编者的水平和经验有限，书中难免有不妥之处，恳请指正。

编　者

目　　录

项目一　工业机器人机械结构系统维护

项目引入

ABB IRB 120 工业机器人在连续工作一年之后，需对其机械结构系统进行维护。以小组为单位，对 ABB IRB 120 工业机器人机械结构系统进行维护。

学习目标

【知识目标】

（1）能阐述工业机器人系统组成。

（2）能说出工业机器人机械结构系统构成。

（3）能描述出工业机器人机械结构系统需要维护保养的零部件，并能描述维护保养方法。

（4）能说出 ABB IRB 120 工业机器人各部件拆装顺序。

【技能目标】

（1）能够对工业机器人机械结构系统进行日常维护。

（2）能够对工业机器人各部件进行维护。

（3）能够利用拆装软件模拟工业机器人各部件的拆装。

（4）能够设置工业机器人传动机构关键部位和薄弱环节检查点，编制填写工业机器人维护保养记录单。

【素养目标】

（1）通过小组合作，培养团队互助、规范操作和安全等意识。

（2）通过日常维护的实施，能够独立分析和诊断工业机器人机械结构系统运行中出现的各种问题，并制定整改措施。

项目实施

任务1　工业机器人机械结构系统维护内容

任务描述

工业机器人机械结构系统维护就是对工业机器人的基座、臂部、腕部和末端执行器的维护。本任务以 ABB IRB 120 工业机器人为例，主要学习工业机器人机械结构系统的构成和维护。通过对工业机器人机械结构系统的维护，掌握工业机器人日常工作中维护保养的重点工作，能独立完成工业机器人机械结构系统维护，并能编写工业机器人维护保养记录单。

知识链接

工业机器人由机械结构系统、驱动系统和电气控制系统三个基本部分组成。机械结构系统即基座和执行机构，包括腰部、臂部、腕部、手部、基座等。图1-1所示为串联工业机器人结构简图。大多数工业机器人有3~6个运动自由度，其中腕部通常有1~3个运动自由度。驱动系统包括动力装置和传动机构，用以使执行机构产生相应的动作。电气控制系统按照输入的程序对驱动系统和执行机构发出指令信号，并进行控制。

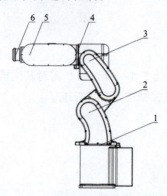

图1-1　串联工业机器人结构简图
1—基座；2—腰部；3—下臂；4—上臂；5—腕部；6—手部

在工业4.0时代，工业机器人在制造行业的使用不断增加。工业机器人长期使用在较为恶劣的条件下，或工作强度和持续性要求较高的场合，工业机器人时常发生故障，因此要在生产前或生产后对工业机器人机械结构系统进行维护保养，确保工业机器人机械结构系统正常运行。

一、工业机器人基座维护

基座是工业机器人的基础部分，起着支承作用，具有一定的刚度和稳定性。它一方面支承工业机器人的机身、臂部和腕部，另一方面根据工作任务的要求，带动工业机器人在更广阔的空间内运动。工业机器人的基座是执行机构，由驱动装置、传动机构、位置检测元件、传感器、电缆及管路等组成。

（一）工业机器人基座结构

1. 基座主要零件清单
基座主要零件清单见表1-1。

表1-1　基座主要零件清单

序号	零件名称	图片	数量	备注
1	底座		1	

序号	零件名称	图片	数量	备注
2	轴 1 电动机与齿轮箱		1	
3	电缆导向装置 1		1	塑料材质
4	电缆导向装置 2		1	塑料材质
5	电缆导向装置 3		1	塑料材质
6	轴 1 电动机线缆接口固定架		1	
7	电路板平板支撑杆		4	自身带螺纹
8	EIB 电路板		1	
9	电缆固定架		1	

序号	零件名称	图片	数量	备注
10	摆动壳		1	
11	电缆支架固定板		1	
12	摆动平板电缆支架		1	
13	带机械停止的摆动平板		1	
14	码盘电池组		1	
15	底座盖		1	
16	轴2电动机与轴2齿轮箱		1	

序号	零件名称	图片	数量	备注
17	VK 盖		1	
18	扎带		1袋	扎带

工业机器人底座的
机械结构（视频）

2. 基座视图

基座视图见表1-2。

表1-2　基座视图

序号	名称	图片
1	左视图	
2	主视图	
3	俯视图	

序号	名称	图片
4	轴测图	
5	爆炸图	

（二）基座的维护

为了保证工业机器人的工作精度和使用寿命，在使用工业机器人进行生产作业的过程中，必须注重工业机器人基座的维护保养。基座是工业机器人各部件的安装和固定部位，也就是工业机器人电缆线、气管线的输入连接部位。基座的维护包括以下几方面。

1. 基座地脚螺栓的稳固维护

图 1-2 所示是地面安装工业机器人。工业机器人长期作业可能导致地脚螺栓松动，工业机器人运动时基座不稳。基座不稳可能造成的影响如下。

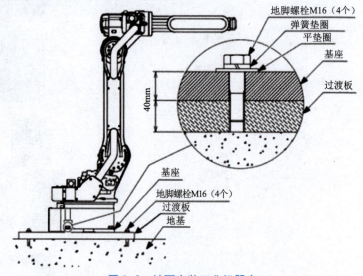

图 1-2　地面安装工业机器人

（1）若地脚螺栓完全松脱，则工业机器人运动时可能晃动较大，甚至倾倒。工业机器人本体质量较大，倾倒会对本体造成损伤，损坏周围物体，甚至伤及操作人员。

（2）基座不稳导致工业机器人运动时本体晃动，影响工业机器人末端执行器上工具的作业精度。

（3）若工业机器人进行大幅高速作业，则基座不稳会导致工业机器人本体与基座碰撞严重，损坏基座，甚至损伤工业机器人内部机械结构系统。

工业机器人基座地脚螺栓松动会影响工业机器人本体的稳定性。为了避免基座不稳对工业机器人作业造成影响，需要进行工业机器人基座固定操作。

2. 底座限位座的维护

底座限位座一般安装于工业机器人基座后面，用于轴1限位和接线盒安装。在工业机器人的使用过程中，由于轴1限位，所以轴1旋转块撞击底座限位座缓冲块、接插线时晃动接线盒、搬运和挪动工业机器人时发生碰撞等行为都有可能导致底座限位座紧固螺钉松脱。

底座限位座松脱可能造成的影响如下。

（1）底座限位座配合轴1旋转块完成轴1限位，若底座限位座松脱，则轴1限位位置出现偏差会影响工业机器人作业精度。

（2）接线盒安装于底座限位座上，若底座限位座松脱严重，则工业机器人在运动过程中，会使接线盒一起晃动，可能损坏内部线缆。

底座限位座裸露在工业机器人基座上，若底座限位座紧固螺钉松脱或缓冲块紧固螺钉松脱，则应使用相应工具进行直接紧固。

3. 基座电动机和齿轮箱的维护

（1）电动机应安装在无酸、碱、盐等腐蚀性物质及易燃气体的环境中。

（2）应在无磨削液、油液、金属屑等的环境中使用电动机。

（3）电动机轴承应定期更换，更换时间一般为3~5年。

（4）电动机中的油封和编码器也要定期更换。油封的更换时间为5 000h，编码器的更换时间为3~5年。

（5）齿轮箱的润滑十分重要，要严格按照规范保持润滑系统长期处于最佳状态。

（6）齿轮箱的器件要进行经常性的检查，例如，检查齿轮箱弹性支撑是否损伤，检查接头和油管是否泄漏、老化，检查制动块磨损状况等。

4. 用来固定腰部回转轴的 RV 减速器的维护

（1）定期擦洗设备及其润滑装置，严格遵守操作规程，及时消除 RV 减速器的小缺陷，如紧固松脱的零件等。

（2）在巡回检查中应注意 RV 减速器在正常负荷下是否有异常振动现象。

（3）若 RV 减速器较长时间停机，则应注意避免灰尘侵入和铁锈产生，并且每月至少开动 RV 减速器一次，每次运转1h左右，并通过观察窗检查侧盖、齿轮和轴承支架的生锈情况。

二、工业机器人臂部的维护

（一）上、下臂机械结构

1. 上、下臂主要零件清单

上、下臂主要零件清单见表1-3。

表1-3　上、下臂主要零件清单

序号	零件名称	图片	数量	备注
1	下臂		1	

序号	零件名称	图片	数量	备注
2	轴 3 电动机盖		1	
3	轴 3 齿轮箱		1	
4	带同步带轮的轴 3 电动机		1	
5	轴 3 齿轮箱皮带轮		1	
6	轴 3 同步带		1	
7	轴 3 电缆保护盖		1	
8	轴 4 齿轮箱连接轴承		1	
9	轴 4 弧形轴承		1	
10	轴 4 外轴承隔离钢圈		1	

序号	零件名称	图片	数量	备注
11	轴4外轴承		1	
12	轴4谐波减速器		1	
13	轴4齿轮箱盖板		1	
14	轴4电动机		1	
15	上臂		1	
16	壳内盖		1	塑料材质
17	弧形轴盖		1	塑料材质
18	电缆保护器		1	塑料材质

学习笔记

序号	零件名称	图片	数量	备注
19	上臂电缆支架1	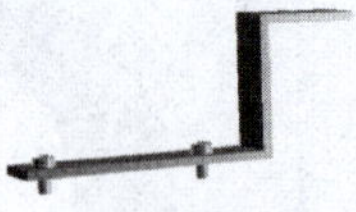	1	
20	上臂电缆支架2		1	
21	下臂侧支座电缆支架	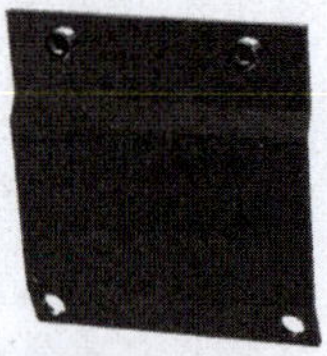	1	
22	下臂盖（左）		1	塑料材质
23	下臂盖（右）		1	塑料材质
24	下臂侧支座		1	

2. 上、下臂视图

上、下臂视图见表1-4。

表1-4 上、下臂视图

序号	名称	图片
1	左视图	
2	主视图	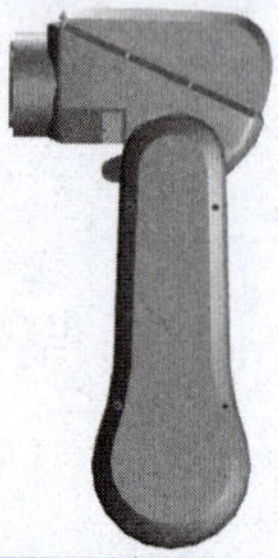

序号	名称	图片
3	俯视图	
4	轴测图	
5	爆炸图	

（二）上、下臂的维护

1. 上臂的维护

上臂是连接下臂和腕部的中间体，上臂可以连同腕部及后端部件一起摆动，以改变末端执行器的位置。上臂的维护工作主要包括 RV 减速器和伺服电动机的检测、维护和更换。

工业机器人上、下臂的机械结构（视频）

2. 下臂的维护

下臂的维护工作同样包括 RV 减速器和伺服电动机的检测、维护和更换。下臂与上臂之间的 RV 减速器容易损坏是因为电动机直接与 RV 减速器的输入轴连接，该轴上 RV 减速器的负载最大，所有下臂力矩都作用在输入轴上，它是调整工业机器人位置和姿态的关键的一根轴，损坏的概率是比较高的。因此，在维护时应对 RV 减速器的输入轴进行认真检查。另外，轴承也需要维护，防止异物侵入轴承内部，或防止生锈、腐蚀，轴承过热，润滑油自身老化等。

三、工业机器人腕部的维护

腕部是关节型工业机器人的重要组成部分，是连接工业机器人的下臂与末端执行器（臂部和手部）之间的结构部件，它的作用是利用自身的活动度来确定手部的空间姿态，从而确定手部的作业方向。对于一般的工业机器人，与手部连接的腕部具有独驱自转的功能，若腕部能在空间中取任意方位，则手部可以在空间中取任意姿态，从而可以达到完全灵活。

（一）腕部机械结构

1. 腕部主要零件清单

腕部主要零件清单见表1-5。

表1-5　腕部主要零件清单

序号	零件名称	图片	数量	备注
1	轴4过渡板		1	
2	腕部壳（左）		1	
3	腕部壳（右）		1	
4	腕端		1	
5	主线缆支架		1	
6	腕部侧盖（左）		1	
7	腕部侧盖（右）		1	

序号	零件名称	图片	数量	备注
8	倾斜盖		1	
9	带同步带轮的轴 5 电动机		1	
10	轴 5 齿轮箱与旋转轴承		1	
11	轴 5 同步带		1	
12	轴 5 齿轮箱同步带轮		1	
13	轴 6 电动机		1	
14	轴 6 谐波减速器		1	
15	轴 6 连接器支座		1	
16	轴 6 齿轮箱与法兰盘		1	

2. 腕部视图

腕部视图见表1-6。

表1-6　腕部视图

序号	名称	图片
1	左视图	
2	主视图	
3	俯视图	
4	轴测图	
5	爆炸图	

（二）腕部的维护

腕部的维护工作主要包括对同步带、同步带轮、驱动电动机、谐波减速器进行拆解，同时检测同步带轮、驱动电动机、谐波减速器等，必要时进行维修或更换。轴承需要定期检查，以避免因缺少润滑脂或润滑脂变质而失去作用。

工业机器人腕部
机械结构（视频）

四、工业机器人手部的维护

工业机器人手部又称为末端执行器。末端执行器是直接安装在工业机器人腕部上的，用于夹持工件或者让工具按照规定的程序完成指定的工作。末端执行器包含工业机器人抓手、工业机器人工具快换装置、工业机器人碰撞传感器、工业机器人旋转连接器、工业机器人压力工具、顺从装置、工业机器人喷涂枪、工业机器人毛刺清理工具、工业机器人弧焊焊枪、工业机器人电焊焊枪等。

对于工件的抓取作业，一般采用单轴或多轴气动手爪，对于焊接等需要夹持工具的作业，可直接通过夹具将工具连接在末端执行器的安装法兰上。仓库使用的工业机器人一般采用气动手爪，安装在末端执行器的法兰上。采用气缸作为末端执行器主要是因为其结构紧凑、质量较小，且形式多种多样，能满足各种抓取要求，具有较大的灵活性和较小的惯性。气动手爪一般通过定位销和螺栓安装在末端执行器法兰或者过渡板上。气动手爪如图1-3所示。

气动手爪的日常维护并不难，在使用时要确保正确操作，抓取的工件要符合气动手爪的负载力，不要超过气动手爪的负载力，以免无法抓取工件，或者造成气动手爪损坏。市面上的气动手爪类型较多，常用的有二指气动手爪、三指气动手爪等，不同的气动手爪有不同的灵活度，但不管是几指气动手爪，其养护方法都差不多，都需要做到及时清理异物、定期润滑养护，这样才不会影响气动手爪的使用寿命。

气动手爪的工作原理也很简单，其通过气缸驱动器进行作业，通常借助控制端确定气缸活塞的推拉力，而确定推拉力的大小主要靠所需力的大小，因为在驱动气缸内有两个活塞，与气动手爪单独连接，当活塞运动时就会带动气动手爪，从而完成气动手爪作业。

图1-3　气动手爪

气动手爪的维护要注意以下事项。

（1）外表清洗，无尘埃、杂物、焊渣等，各按钮无损坏，无残缺。

（2）各附属设备无尘埃、油污，气路无缺，无老化、漏气现象。通过听觉或触觉查看气路是否有漏气现象，目视气压表读数是否在正常范围内，气管是否老化或被飞溅物烧穿等。

（3）查看气缸行程是否到位，能否夹紧，是否有反常响声等。

（4）在操作中禁止用锤子，扁錾或其他物品敲击气动手爪的任何部位。

（5）在含有粉尘、切削液的场所，应选用防尘型气动手爪。

（6）拆卸气动手爪时，应先确认其没有夹持工件，并必须在释放完压缩空气后拆卸。

（7）对于存在疑问的部分，要将问题写在工业机器人日常点检记录单上，让专业人员进行修理。

任务实施

一、填写工业机器人维护保养记录单

填写工业机器人维护保养记录单（表1-7）。

表 1-7　工业机器人维护保养记录单

保养单位：　　　　　　　　　　　　　　　　　　　　　　　　　　保存期：5 年

设备名称		型号		设备编号	
内容： 工业机器人各部件情况是否符合要求（清洁情况、润滑情况和紧固情况）				备　注	
部位	零部件名称	检查日期	现象	执行人	检查情况
基座					
腰部					
臂部					
腕部					
手部					
负责人：				验收人：	

二、填写工业机器人日常点检记录单

（1）小组成员分工（小组人员以 4~6 人为宜）见表 1-8。

表 1-8　小组成员分工

序号	组长	观察员	操作员	备注

（2）填写工业机器人日常点检记录单（表 1-9，在对应的选项中打√即可）。

（3）巡视操作。通过巡视操作，熟悉工业机器人腕部需要维护的部件及位置。

（4）维护操作。按照点检内容，完成腕部的维护工作。

（5）编写基座日常点检记录单。

表 1-9　工业机器人日常点检记录单

设备名称：　　　　设备型号：　　　　规格型号：

检查日期 点检记录 点检内容（年　月　日）	1	2	3	4	5	6	7	8	9	10	11	12	13	14	15	16	17	18	19	20	21	22	23	24	25	26	27	28	29	30	31
1																															
2																															
3																															
4																															
5																															
6																															
7																															
8																															
9																															
10																															

点检人确认签字

	1	2	3	4

异常 情况 记录	5	6	7	8
	9	10	11	12

| 重大安全
隐患记录 | |

备注
1. 检查方法：看、听、试
2. 检查周期：每天（由白班操作者负责）

注：保养后，用"√"表示进行了点检，用"○"表示休息或放假，用"×"表示有异常情况，应在"异常情况记录"栏予以记录。

练习与思考

一、选择题

1. 工业机器人按腕部自由度可分为（　　）种。

A. 1　　　　　　　　　　B. 2　　　　　　　　　　C. 3

2. 3 自由度腕部能使手部取得空间任意姿态，3 自由度腕部有（　　）种结合方式。

A. 4　　　　　　　　　　B. 5　　　　　　　　　　C. 6

3. 日常点检以（　　）检查为主，由设备操作人员进行，对设备的关键部位进行技术状态检查，了解设备在运行中的声响、振动、油压、油温等是否正常，并对设备进行必要的清扫和擦拭、润滑、螺栓紧固等。

A. 感官　　　　　　　　　B. 仪器　　　　　　　　　C. 听觉

4. 在定期点检中，凭感官和（　　）定期对工业机器人的技术状态进行检查和测定。

A. 张力仪　　　　　　　　B. 专用检测工具　　　　　C. 内六角扳手

5. 在每天运行系统时，操作人员要对工业机器人的各部位进行日常清洁和（　　）工作，并检查各部位有无裂缝或损坏等情形。

A. 维护　　　　　　　　　B. 维修　　　　　　　　　C. 检查

二、判断题

1. 腕部通常有两种驱动方式，一种是间接驱动，另一种是直接驱动。（　　）

2. 工业机器人的维护保养内容一般包括日常维护、定期检查和精度检查，润滑设备和冷却设备的日常维护保养是工业机器人维护保养的基础工作，必须做到制度化和规范化。（　　）

3. 在工业机器人运行当中，对影响工业机器人正常运行的一些关键部位进行操作技术规范化的检查和维护工作，使其管理工作形成制度化，这就叫作工作机器人的点检。（　　）

4. 日常点检以专用仪器和感官检查为主。（　　）

5. 安装螺栓时，要采用建议的安装力矩。因为有的螺栓上涂敷有防松接合剂，当使用建议安装力矩以上的力矩紧固时，可能导致防松接合剂脱落，所以务必使用建议安装力矩加以紧固。（　　）

三、简答题

1. 进行腕部维护工作时需要对哪些部件维护？

2. 气动手爪的工作原理是什么？维护时需要注意什么？

任务 2　工业机器人机械结构系统装配与拆卸

任务描述

一般来说，工业机器人需要定期进行拆装保养，以确保其正常运行和使用寿命。拆装保养时间需要根据其使用情况、工作环境、性能检测和故障维修等方面来确定。利用 3D 仿真软件，采用 ABB IRB 120 原型工业机器人，在虚拟场景中进行工业机器人机械认知、原理认知、机械安装与拆卸等操作，反复练习拆装工具选择及拆装顺序，快速掌握工业机器人拆装技巧。

一、工业机器人拆装常用工具及其使用方法和工业机器人拆装注意事项

（一）工业机器人拆装常用工具

工业机器人拆装常用工具见表1-10。

表1-10　工业机器人拆装常用工具

序号	名称	外观图	说明
1	螺丝刀		螺丝刀是一种用来拧转螺丝以使其就位的常用工具。头部型号为十字的，称为十字螺丝刀。头部型号为一字的，称为平头螺丝刀
2	内六角扳手		内六角扳手通过扭矩施加对螺丝的作用力，大大降低了使用者的用力强度，是工业制造业中不可或缺的得力工具
3	活动扳手		活动扳手简称活扳手，其开口宽度可在一定范围内调节，是用来紧固和起松不同规格的螺母和螺栓的一种工具
4	六角双头斜口扳手		六角双头斜口扳手只能搬动一种规格的螺母或螺栓，用于解决在空间狭小的地方和室外作业时不容易操作的问题，应用较广泛
5	扭矩扳手		扭矩扳手又叫作力矩扳手、扭矩可调扳手，是扳手的一种。其最主要的特征就是可以设定扭矩，并且扭矩可调
6	老虎钳		老虎钳是一种夹钳和剪切工具，属于省力杠杆。老虎钳分为有牙的和无牙的，有牙的能增加摩擦力，更牢固地夹住东西，但是夹比较软的物品时可能造成损坏。一般都用有牙的，无牙的用得较少
7	橡胶锤		

序号	名称	外观图	说明
8	扎带		扎带又称为扎线带、束线带、锁带，是用来捆扎东西的带子。一般按材质可分为尼龙扎带、不锈钢扎带、喷塑不锈钢扎带等，按功能则分为普通扎带、可退式扎带、标牌扎带、固定锁式扎带、插销式扎带、重拉力扎带等
9	润滑油		润滑油是一种技术密集型产品，是复杂的碳氢化合物的混合物，而其真正使用性能又是复杂的物理或化学变化过程的综合效应
10	螺纹防松胶		螺纹防松胶一般是厌氧胶，又叫作缺氧胶，是一单液自硬化型固定密封剂和黏合剂
11	轴承拉马器		轴承拉马器主要用来将损坏的轴承从轴上沿轴向拆卸下来；主要由旋柄、螺旋杆和拉爪构成；有两爪、三爪之分，主要尺寸为拉爪长度、拉爪间距、螺杆长度，以适应不同直径及不同轴向安装深度的轴承

（二）常用工具的使用方法

1. 一般要求
（1）使用工具人员必须熟知工具的性能，特点，使用、保管和维修及保养方法。
（2）各种工具必须是正式厂家生产的合格产品。
（3）工作前必须对工具进行检查，严禁使用腐蚀、变形、松动、有故障、破损等不合格工具。
（4）电动或风动工具在使用中不得进行修理。停止工作时，禁止把机件、工具放在机器或设备上。
（5）带有牙口、刃口的尖锐工具及转动部分应有防护装置。
（6）使用特殊工具时，应有相应安全措施。
（7）小型工器具应放在工具袋中妥善保管。
（8）各类工具使用过后应及时擦拭干净。

2. 常用工具的注意事项
（1）使用扳手紧固螺栓时，应注意用力，当心扳手滑脱伤手（尤其在使用活动扳手时）。
（2）使用螺丝刀紧固或拆卸接线时，必须确认端子没电后才能操作。
（3）使用剥皮钳剥线时，应该经常检查剥皮钳的钳口是否调节太紧，以防止将电线损伤。

（4）使用橡胶锤时，应该先检查锤头与锤把固定是否牢靠，防止使用时锤头脱落伤人。

（三）工业机器人拆装注意事项

1. 工业机器人安装注意事项

（1）工业机器人控制柜的外壳只起到对控制柜内部的保护作用，没有承重能力，在安装过程中勿使工业机器人承重。

（2）保证工业机器人基座安装位置的强度达到要求。

（3）保证工业机器人基座安装位置的平面度达到要求。

（4）保证控制柜与工业机器人的安全距离。

（5）工业机器人本体的基部应该固定得牢固可靠，安装前需要考虑固定方法，必要时需要事先设计并加工合适的基座。

（6）在拆装过程中，注意轻拿轻放部件。特别重的部件（如底座）应用悬臂吊装，注意吊装方式正确，检查吊装的固定方式是否稳定。

（7）拆装过程中的所有工具和零件不得随意堆放，必须放在指定位置，以防工具或者零件掉落伤人。

（8）工业机器人桌面只能放置工业机器人规定承重零件及拆装使用工具，严禁放置其他重物。

2. 其他安全注意事项

（1）在工作区域内严禁奔跑以防滑倒跌伤，严禁打闹。

（2）在工作区域内不得穿拖鞋或赤脚，需要穿厚实的鞋子（劳保鞋）。

（3）不得挪动、拆除防护装置和安全设施。

（4）离开时应关闭电源。

二、工业机器人基座装配与拆卸

（一）工业机器人基座装配

1. 工业机器人基座装配前的准备工作

1）装配前清点零件

装配前按装配明细表收集并清点加工件、标准件、外购件。

工业机器人拆装
注意事项

2）装配前清理加工件

逐个清理加工件，包括检查外观，去除毛刺和加工、铸造残渣。

电动机、减速器必须有合格证及性能检测报告。检验电动机、减速器的各项指标，其转动应柔和平稳。确定标准件的型号、规格是否正确。注意螺钉的螺纹是否完整。

3）装配前测量

装配前按照图纸要求对各零件进行精度检验，并对标有尺寸精度和形位公差要求的尺寸进行逐个记录，合格后方可进行装配。

4）紧固螺钉拧紧力矩要求

所有紧固螺钉，在拧紧前应涂螺纹防松胶。紧固螺钉拧紧力矩要求见表1-11。

表1-11　紧固螺钉拧紧力矩要求

序号	螺钉尺寸	力矩/（N·m）
1	M3	2.2
2	M4	4.83

序号	螺钉尺寸	力矩/（N·m）
3	M5	10
4	M6	16.8

2. 工业机器人基座装配步骤

工业机器人基座装配步骤见表1-12。

表1-12 工业机器人基座装配步骤

操作步骤	具体内容	示意图
（1）装配轴1电动机与轴1齿轮箱	将轴1电动机与轴1齿轮箱垂直放入基座，用内六角扳手按交叉顺序将紧固螺钉M4×40拧紧	
（2）装配电缆导向装置1	将电缆导向装置1装入基座，用内六角扳手将紧固螺钉M3×8拧紧	
（3）装配电动机线缆接口固定架	将电动机线缆接口固定架装入基座，用内六角扳手将紧固螺钉M3×8拧紧	
（4）装配VK盖	将VK盖装入基座	
（5）装配电路板平板支撑杆	将电路板平板支撑杆装入基座并拧紧	

操作步骤	具体内容	示意图
（6）装配 EIB 电路板架	将 EIB 电路板架装入基座，用内六角扳手将紧固螺钉 M3×8 拧紧	
（7）装配基座壳	将基座壳装入基座，用内六角扳手将紧固螺钉 M4×25 拧紧	
（8）装配电缆导向装置 2	拿出摆动平板，将电缆导向装置 2 装入摆动平板，用内六角扳手将紧固螺钉 M3×8 拧紧	
（9）装配电缆固定架	将电缆固定架装入摆动平板，用内六角扳手将紧固螺钉 M3×8 拧紧	
（10）装配摆动壳	将摆动壳装入摆动平板，用内六角扳手将紧固螺钉 M4×25 拧紧	
（11）装配摆动壳部件	将摆动壳部件装入基座，用内六角扳手将紧固螺钉 M4×25 拧紧	
（12）装配摆动平板电缆支架	将摆动平板电缆支架装入摆动壳，用内六角扳手将紧固螺钉 M3×8 拧紧	

学习笔记

操作步骤	具体内容	示意图
（13）装配电缆支架固定板	将电缆支架固定板装入摆动壳，用内六角扳手将紧固螺钉M3×8拧紧	
（14）装配轴2电动机与轴2齿轮箱	将轴2电动机与轴2齿轮箱装入摆动壳，用内六角扳手将紧固螺钉M4×40拧紧	
（15）装配电缆导向装置3	将电缆导向装置3装入摆动壳，用内六角扳手将紧固螺钉M3×8拧紧，工业机器人基座装配完毕	

（二）工业机器人基座拆卸

1. 工业机器人基座拆卸前的准备工作

（1）工作场地要宽敞明亮、平整、清洁。

（2）拆卸工具准备齐全，规格合适。

（3）按照不同用途准备好放置零件的台架、分隔盆等。

工业机器人基座
装配视频

2. 工业机器人基座拆卸步骤

工业机器人基座拆卸步骤见表1-13。

表1-13　工业机器人基座拆卸步骤

操作步骤	具体内容	示意图
（1）拆卸电缆导向装置3	用内六角扳手拧下电缆导向装置3的紧固螺钉M3×8，将电缆导向装置3拆除	

操作步骤	具体内容	示意图
（2）拆卸轴2电动机与轴2齿轮箱	用内六角扳手拧下轴2电动机与轴2齿轮箱的紧固螺钉M4×40，将轴2电动机与轴2齿轮箱拆卸	
（3）拆卸电缆支架固定板	用内六角扳手拧下电缆支架固定板的紧固螺钉M3×8，将电缆支架固定板拆卸	
（4）拆卸摆动平板电缆支架	用内六角扳手拧下摆动平板电缆支架的紧固螺钉M3×8，将摆动平板电缆支架拆卸	
（5）分离摆动平板与轴1齿轮箱	用内六角扳手拧下摆动平板与轴1齿轮箱的紧固螺钉M4×25，将摆动平板与轴1齿轮箱分离	
（6）拆卸摆动壳	用内六角扳手拧下摆动壳的紧固螺钉M4×25，将摆动壳拆卸	
（7）拆卸电缆固定架	用内六角扳手拧下电缆固定架的紧固螺钉M3×8，将电缆固定架拆卸	

学习笔记

操作步骤	具体内容	示意图
（8）拆卸电缆导向装置2与摆动平板	用内六角扳手拧下电缆导向装置2的紧固螺钉M3×8，将电缆导向装置2与摆动平板拆卸	
（9）拆卸基座壳	用内六角扳手拧下基座壳的紧固螺钉M4×25，将基座壳拆卸	
（10）拆卸EIB电路板架	用内六角扳手拧下EIB电路板架的紧固螺钉M3×8，将EIB电路板架拆卸	
（11）拆卸电路板平板支撑杆	拧下电路板平板支撑杆	
（12）拆卸电缆导向装置1	用内六角扳手拧下电缆导向装置1的紧固螺钉M3×8，将电缆导向装置1拆卸	
（13）拆卸轴1电动机与轴1齿轮箱	用内六角扳手拧下轴1电动机与轴1齿轮箱的紧固螺钉M3×8，将轴1电动机与轴1齿轮箱拆卸	
（14）拆卸轴1电动机线缆接口固定架	用内六角扳手拧下轴1电动机线缆接口固定架的紧固螺钉M3×8，将轴1电动机线缆接口固定架拆卸	

操作步骤	具体内容	示意图
（15）拆卸 VK 盖	直接拆卸 VK 盖，工业机器人基座拆卸完毕	

三、工业机器人腕部装配与拆卸

（一）工业机器人腕部装配

1. 工业机器人腕部装配前的准备工作

1）装配前清点零件

装配前按照装配明细表收集并清点加工件、标准件、外购件。

2）装配前清理

对加工件进行逐个清理，包括检查外观，去除毛刺和加工、铸造残渣。

电动机、减速器必须具有合格证及性能检测报告。检验电动机、减速器各项指标，其转动应柔和平稳。确定标准件的型号、规格是否正确。应注意螺钉的螺纹是否完整。

3）装配前测量

装配前按照图纸要求对各零件进行精度检验，并对标有尺寸精度和形位公差要求的尺寸进行逐个记录，合格后方可进行装配。

4）拧紧力矩要求

所有紧固螺钉在拧紧前应涂螺纹防松胶。所有紧固螺钉拧紧力矩应符合要求。

工业机器人基座
拆卸（视频）

2. 工业机器人腕部装配步骤

工业机器人腕部装配步骤见表 1-14。

表 1-14　工业机器人腕部装配步骤

操作步骤	具体内容	示意图
（1）装配轴 4 过渡板	将轴 4 过渡板装入上臂，用内六角扳手将紧固螺钉 M3×16 拧紧	
（2）装配腕部壳（左）	将腕部壳（左）装入上臂，用内六角扳手将紧固螺钉 M4×25 拧紧	

操作步骤	具体内容	示意图
（3）装配线缆固定支架	将线缆固定支架装入上臂，用内六角扳手将紧固螺钉 M3×8 拧紧	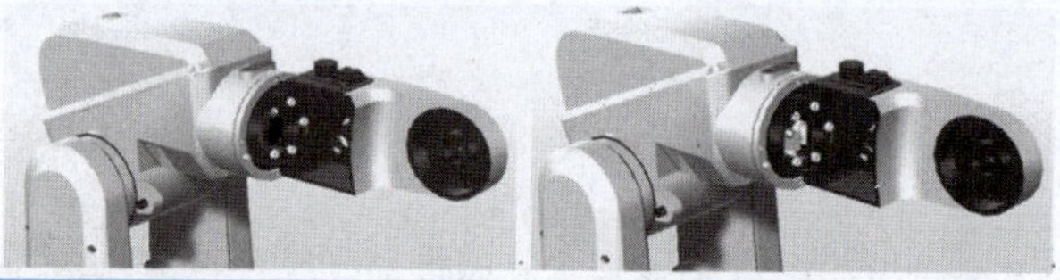
（4）装配轴 5 减速器胶圈	将轴 5 减速器胶圈装入腕部壳	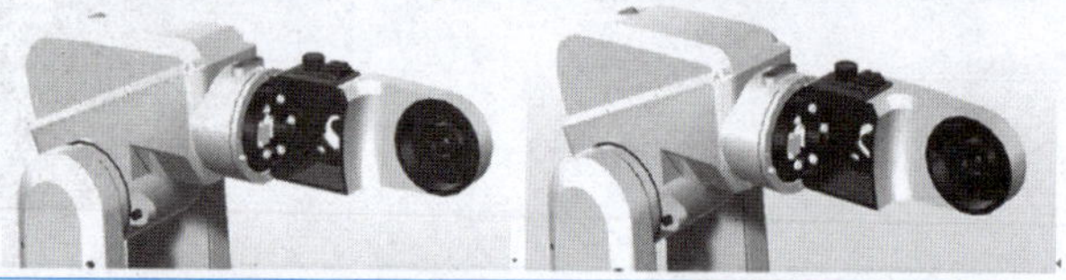
（5）装配轴 5 减速器油封垫片	将轴 5 减速器油封垫片装入腕部壳	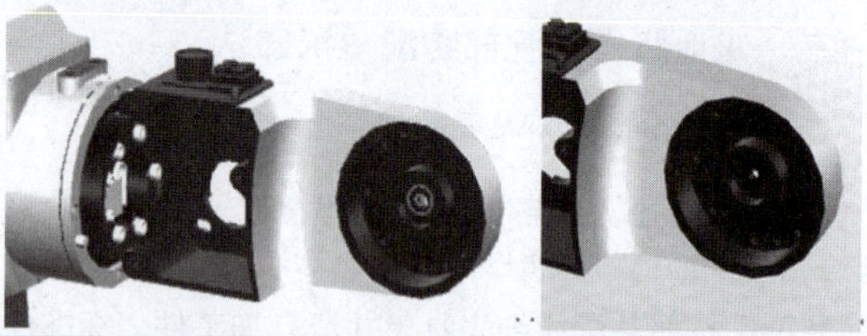
（6）装配轴 5 减速器油封	将轴 5 减速器油封装入腕部壳	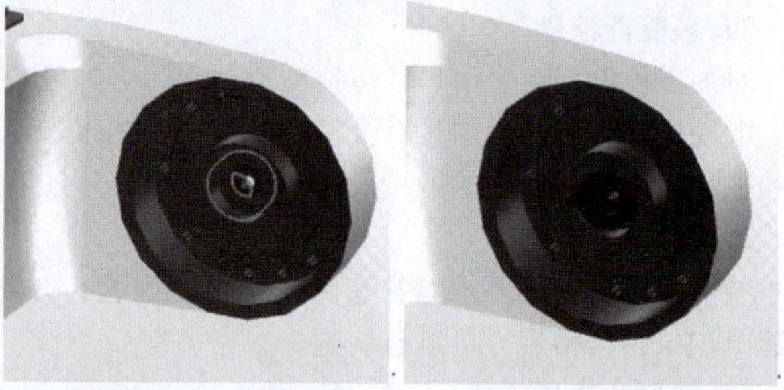
（7）装配轴 5 减速器	将轴 5 减速器装入腕部壳，用内六角扳手将紧固螺钉 M3×25 拧紧	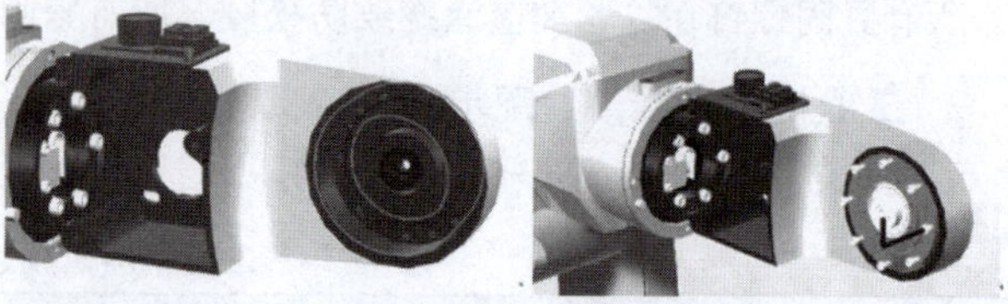
（8）装配腕端	将腕端装入腕部壳，用内六角扳手将紧固螺钉 M3×8 拧紧	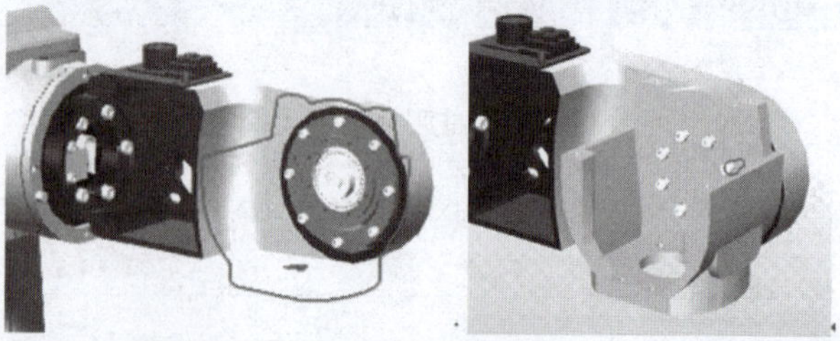
（9）装配轴 5 减速器皮带轮	将轴 5 减速器皮带轮装入腕部壳，用一字螺丝刀将紧固螺钉拧紧	

操作步骤	具体内容	示意图
（10）装配轴6电动机	将轴6电动机装入腕部，用内六角扳手将紧固螺钉 M4×16 拧紧。装配完毕后翻转轴5到合适的位置	
（11）装配轴6减速器谐波发生器	将轴6减速器谐波发生器装入腕部，用一字螺丝刀将紧固螺钉拧紧	
（12）装配轴6减速器法兰	将轴6减速器法兰装入腕部，用内六角扳手将紧固螺钉 M3×25 拧紧	
（13）装配轴6线缆连接器支座	将轴6线缆连接器支座装入腕部，用内六角扳手将紧固螺钉 M3×8 拧紧	
（14）装配连接器盖	将连接器盖装入连接器支座，用内六角扳手将紧固螺钉 M3×8 拧紧	
（15）装配倾斜盖	将倾斜盖装入腕部，用内六角扳手将紧固螺钉 M3×8 拧紧	

操作步骤	具体内容	示意图
（16）装配轴6线缆扎带固定钢片	将轴6线缆扎带固定钢片装入连接器盖，用内六角扳手将紧固螺钉M3×8拧紧	
（17）装配轴5电动机	将轴5电动机装入腕部壳，用内六角扳手将紧固螺钉M4×16稍微拧紧（不能完全拧紧的原因是之后需要安装同步带，还需要调整电动机皮带轮的位置）	
（18）装配腕部壳（右）	将腕部壳（右）装入上臂，用内六角扳手将紧固螺钉M3×25拧紧	
（19）装配连接器支座	将连接器支座装入上臂，用内六角扳手将紧固螺钉M3×8拧紧	
（20）装配线缆夹具	将线缆夹具装入上臂，用内六角扳手将紧固螺钉M3×8拧紧	
（21）装配同步带	将同步带装入上臂，用内六角扳手再次固定轴5电动机紧固螺钉M4×16（安装皮带后可以彻底固定电动机）	
（22）装配腕部侧盖（左侧）	将腕部侧盖（左侧）装入腕部壳（左），用内六角扳手将紧固螺钉M3×8拧紧	

学习笔记

操作步骤	具体内容	示意图
（23）装配腕部侧盖（右侧）	将腕部侧盖（右侧）装入腕部壳（右），用内六角扳手将紧固螺钉 M3×8 拧紧，腕部装配完毕	

（二）工业机器人腕部拆卸

工业机器人腕部装配（视频）

1. 工业机器人腕部拆卸前的准备工作

（1）工作场地要宽敞明亮、平整、清洁。

（2）拆卸工具准备齐全，规格合适。

（3）按照不同用途准备好放置零件的台架、分隔盆等。

2. 工业机器人腕部拆卸步骤

工业机器人腕部拆卸步骤见表 1-15。

表 1-15　工业机器人腕部拆卸步骤

操作步骤	具体内容	示意图
（1）拆卸腕部侧盖（右侧）	用内六角扳手拧下腕部侧盖（右侧）的紧固螺钉 M3×8，将腕部侧盖（右侧）拆卸	
（2）拆卸腕部侧盖（左侧）	用内六角扳手拧下腕部侧盖（左侧）的紧固螺钉 M3×8，将腕部侧盖（左侧）拆卸	
（3）拆卸线缆夹具	用内六角扳手拧下线缆夹具的紧固螺钉 M3×8，将线缆夹具拆卸	
（4）拆卸连接器支座	用内六角扳手拧下连接器支座的紧固螺钉 M3×8，将连接器支座拆卸	

操作步骤	具体内容	示意图
（5）拆卸轴6线缆扎带固定钢片	用内六角扳手拧下轴6线缆扎带固定钢片的紧固螺钉M3×8，将轴6线缆扎带固定钢片拆卸	
（6）拆卸腕部壳（右）	用内六角扳手拧下腕部壳（右）的紧固螺钉M3×25，将腕部壳（右）拆卸	
（7）拆卸倾斜盖	用内六角扳手拧下倾斜盖的紧固螺钉M3×8，将倾斜盖拆卸	
（8）拆卸连接器盖	用内六角扳手拧下连接器盖的紧固螺钉M3×8，将连接器盖拆卸	
（9）拆卸连接器支座	用内六角扳手拧下连接器支座的紧固螺钉M3×8，将连接器支座拆卸	
（10）拆卸同步带	将同步带拆卸	
（11）拆卸轴5电动机	用内六角扳手拧下轴5电动机的紧固螺钉M4×16，将轴5电动机拆卸。拆卸完毕后翻转轴5到合适的位置	

学习笔记

操作步骤	具体内容	示意图
（12）拆卸轴 6 减速器法兰	用内六角扳手拧下轴 6 减速器法兰的紧固螺钉 M3×25，将轴 6 减速器法兰拆卸	
（13）拆卸轴 6 减速器谐波发生器	用一字螺丝刀拧下轴 6 减速器谐波发生器的紧固螺钉，将轴 6 减速器谐波发生器拆卸	
（14）拆卸轴 6 电动机	用内六角扳手拧下轴 6 电动机的紧固螺钉 M4×16，将轴 6 电动机拆卸	
（15）拆卸皮带轮	用一字螺丝刀拧下皮带轮的紧固螺钉，将皮带轮拆卸	
（16）拆卸腕部	用内六角扳手拧下腕部的紧固螺钉 M3×8，将腕部拆卸	
（17）拆卸轴 5 减速器（同时拆卸油封垫片、油封、胶圈）	用内六角扳手拧下轴 5 减速器的紧固螺钉 M3×25，将轴 5 减速器拆卸（同时拆卸油封垫片、油封、胶圈）	
（18）拆卸线缆固定支架	用内六角扳手拧下线缆固定支架的紧固螺钉 M3×8，将线缆固定支架拆卸	

操作步骤	具体内容	示意图
（19）拆卸腕部壳	用内六角扳手拧下腕部壳的紧固螺钉 M4×25，将腕部壳拆卸	
（20）拆卸轴 4 过渡板	用内六角扳手拧下轴 4 过渡板的紧固螺钉 M3×16，将轴 4 过渡板拆卸，腕部拆卸完毕	

 任务实施

一、上臂拆装考核

利用仿真软件，选择正确的工具、正确的安装顺序，在规定的时间内对上臂进行安装和拆卸。

1. 上臂安装考核

上臂安装考核截图如图 1-4 所示。

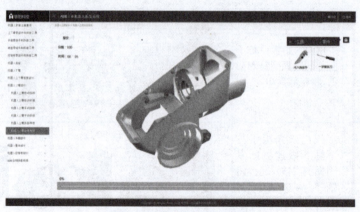

图 1-4　上臂安装考核截图

工业机器人腕部
拆卸（视频）

上臂安装（视频）

2. 上臂拆卸考核

上臂拆卸考核截图如图 1-5 所示。

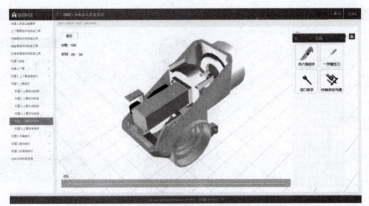

图 1-5　上臂拆卸考核截图

工业机器人上臂
拆卸

工业机器人下臂
安装

上、下臂连接部
分拆卸（视频）

二、下臂拆装考核

利用仿真软件，选择正确的工具、正确的安装顺序，在规定的时间内对下臂进行安装和拆卸。

1. 下臂安装考核

下臂安装考核截图如图 1-6 所示。

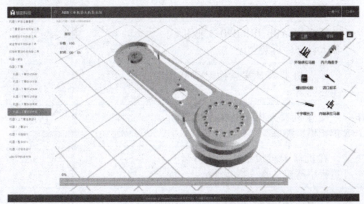

图 1-6　下臂安装考核截图

2. 下臂拆卸考核

下臂拆卸考核截图如图 1-7 所示。

学习笔记

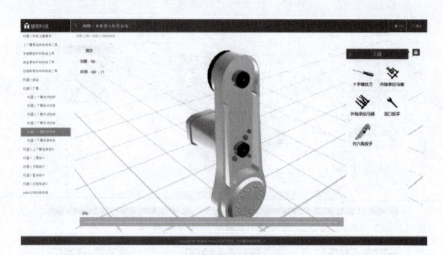

图 1-7　下臂拆卸考核截图

 项目评价表

各组展示任务完成情况，包括介绍计划的制定、任务的分工、工具的选择、任务完成过程视频、运行结果视频，整理技术文档并提交汇报材料，进行小组自评、组间互评、教师评价，完成项目评价表（表1-16）。

工业机器人下臂拆卸

表 1-16　项目评价表

序号	评价项目	评价内容	分值	自评（35%）	互评（35%）	师评（30%）	合计
1	理论知识理解	能正确阐述工业机器人系统组成	5				
		能正确说出工业机器人机械结构系统构成及维护方法	5				
		能说出 ABB IRB 120 工业机器人各部件拆装顺序	5				
2	实际操作技能	工业机器人日常点检记录单填写完整	5				
		工业机器人机械结构系统维护正确、熟练	5				
		在机器人机械结构系统拆装过程中严肃认真、精益求精	5				
3	专业能力	计划合理，分工明确	10				
		爱岗敬业，具有安全意识、责任意识、服从意识	10				
		能进行团队合作、交流沟通、互相协作，能倾听他人的意见	10				

学习笔记

序号	评价项目	评价内容	分值	自评（35%）	互评（35%）	师评（30%）	合计
3	专业能力	遵守行业规范、现场"6S"标准	10				
		主动性强，保质保量完成被分配的相关任务	10				
		能独立思考，采取多样化手段收集信息，解决问题	10				
4	创新意识	积极尝试新的想法和做法，在团队中起到积极的推动作用	10				

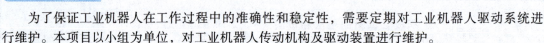

项目二　工业机器人驱动系统维护

项目引入

为了保证工业机器人在工作过程中的准确性和稳定性，需要定期对工业机器人驱动系统进行维护。本项目以小组为单位，对工业机器人传动机构及驱动装置进行维护。

学习目标

【知识目标】

（1）能阐述工业机器人传动机构的维护重点。

（2）能说出工业机器人驱动系统构成。

（3）能描述工业机器人电机驱动系统需要维护保养的零部件，并能描述维护方法。

（4）能说出工业机器人气动驱动系统的工作原理。

【技能目标】

（1）能够对常用传动机构进行日常维护。

（2）能够对电动机驱动装置进行维护。

（3）能够更换 ABB 工业机器人电池。

（4）能够设置工业机器人驱动系统关键部位和薄弱环节检查点，编制并填写工业机器人日常点检记录单。

【素养目标】

（1）通过小组合作，培养学生的沟通能力、创新思维和自信心，提高学生的工作责任心和工作效率。

（2）通过实践操作和理论学习相结合的方式，使学生能够全面了解工业机器人的维护管理知识和技能，培养学生的实践能力，提高学生解决实际问题的能力。

项目实施

 任务 1　传动机构维护与装配

任务描述

工业机器人通过传动部件把驱动器的运动传递到关节和动作部位，实现关节的移动或转动，从而实现机身、手臂和腕部的运动。通过对传动机构进行定期维护，可以预防和减少工业机器人故障，确保传动机构的安全性和稳定性。在进行工业机器人减速器装配的过程中，学生可以掌握减速器的安装步骤、调试方法和维护技能，了解减速器在工业机器人中的应用和常见故障排除方法。

知识链接

　　工业机器人的传动机构是连接动力源和运动部件的关键部分，它利用机械方式传递动力和运动，即将动力和运动从一个位置传递到另一个位置。

　　根据关节形式，常用的传动机构有直线传动机构和旋转传动机构两大类。工业机器人的传动机构的选用和计算与一般机械传动机构大致相同，但工业机器人的传动机构要求结构紧凑、质量小、转动惯量和体积小，要求消除传动间隙，提高其运动和位置精度。工业机器人传动机构除齿轮传动、蜗杆传动、链传动和行星齿轮传动外，还常用滚珠丝杆传动、谐波齿轮传动、钢带传动、同步齿形带传动和绳轮传动等。表2-1所示为工业机器人常用传动方式的比较与分析。

表2-1　工业机器人常用传动方式的比较与分析

传动方式	特点	运动形式	传动距离	应用部位	实例（工业机器人型号）
圆柱齿轮传动	用于手臂第一转动轴，提供大扭矩	转—转	近	臂部	Unimate PUMA560
锥齿轮传动	转动轴方向垂直相交	转—转	近	臂部腕部	Unimate
蜗轮蜗杆传动	传动比大，质量大，有发热问题	转—转	近	臂部腕部	FANUC Ml
行星齿轮传动	传动比大，价格高，质量大	转—转	近	臂部腕部	Unimate PUMA560
谐波齿轮传动	传动比很大，尺寸小，质量小	转—转	近	臂部腕部	ASEA
链传动	无间隙，质量大	转—转 转—移 移—转	远	移动部分腕部	ASEA IR66
同步齿形带传动	有间隙和振动，质量小	转—转 转—移 移—转	远	腕部手爪	KUKA
钢丝传动	远距离传动性能很好，有轴向伸长问题	转—转 转—移 移—转	远	腕部手爪	S. Hirose
四杆传动	远距离传动力性能很好	转—转	远	臂部手爪	Unimate 2000
曲柄滑块机构传动	用于特殊应用场合	转—移 移—转	远	腕部手爪臂部	手爪将油（气）缸的运动转化为手指的摆动

传动方式	特点	运动形式	传动距离	应用部位	实例（工业机器人型号）
丝杆螺母传动	传动比大，有摩擦与润滑问题	转—移	远	腕部 手爪	精工 PT300H
滚珠丝杆螺母传动	传动比很大，精度高，可靠性高，昂贵	转—移	远	臂部 腕部	Motorman L10
齿轮齿条传动	精度高，价格低	转—移 移—转	远	腕部 手爪 臂部	Unimate 2000
液压气压传动	效率高，寿命长	移—移	远	腕部 手爪 臂部	Unimate

一、直线传动机构维护

工业机器人采用的直线传动方式包括直角坐标结构的 X、Y、Z 向运动，圆柱坐标结构的径向运动和垂直升降运动，以及极坐标结构的径向伸缩运动。直线运动可以直接由气缸或液压缸的活塞产生，也可以采用齿轮齿条、丝杠和螺母等传动机构及元件把旋转运动转换成直线运动。

（一）齿轮齿条机构

齿轮和齿条都是机械零部件，齿轮是一种常用的转动传动装置，而齿条是一种线性运动机构。它们组成齿轮齿条机构，是一种常见的机械传动机构。齿轮齿条机构由齿轮、齿条、轴和支架等组成，用于实现不同轴间的转动或线性运动传递，如图 2-1 所示。工业机器人工作臂的调节一般采用齿轮齿条机构实现。

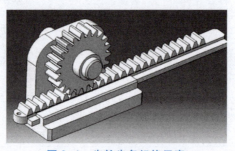

图 2-1　齿轮齿条机构示意

为了确保齿轮齿条机构的正常运转并延长设备使用寿命，必须做好维护保养工作。

1. 检查齿条磨损

检查齿条磨损的方法主要包括观察齿条表面磨损情况、测量齿条厚度等。一般来说，齿条磨损会导致传动效率下降、噪声增加等问题，严重时甚至可能影响设备正常运行。因此，需要定期检查齿条磨损情况，及时更换磨损严重的齿条。

2. 清洁齿条和齿轮

在长期使用过程中，齿条和齿轮表面会附着灰尘、油脂等污垢，这些污垢会导致齿条和齿轮表面出现腐蚀、磨损等现象。因此，需要定期对齿条和齿轮进行清洁，去除表面污垢，保持设备清洁卫生。

3. 检查齿轮润滑情况

齿轮润滑不良会导致齿轮表面磨损加剧，甚至出现点蚀、胶合等现象。为了保持齿轮的良好运转，需定期检查齿轮润滑情况，及时补充润滑脂或更换润滑油。

4. 检查齿条紧固情况

齿条松动可能导致齿条脱落、断裂等现象，严重影响设备正常运行。因此，需要定期检查齿条紧固情况，确保齿条安装牢固可靠。

5. 定期润滑齿轮

齿轮润滑不良会导致齿轮表面磨损加剧，因此需要定期对齿轮进行润滑。在润滑过程中要选用合适的润滑脂或润滑油，并按照规定加注量进行润滑，以保证齿轮正常运转。

6. 检查齿轮表面缺陷情况

齿轮表面缺陷可能导致传动过程中的冲击和振动，影响设备正常运行。因此，需要定期检查齿轮表面缺陷情况，如发现表面缺陷，应及时进行修复或更换齿轮。

7. 更换磨损齿轮

齿轮磨损严重会影响设备的传动效率和稳定性，因此需要及时更换磨损严重的齿轮。更换齿轮时，应选用与原齿轮相同型号、质量的齿轮，并按照说明书进行更换操作。

8. 检查防护装置

防护装置可以有效地防止异物进入设备内部，从而保护齿条和齿轮不受损伤。因此，需要定期检查防护装置的完好性和安装情况，如有损坏应及时进行维修或更换。

9. 检查工作参数

工作参数如负载、转速等对齿轮齿条机构的使用寿命有着重要影响。因此，需要定期检查工作参数是否在规定范围内，如有异常应及时进行调整，以避免对齿条齿轮机构造成过大的影响。

（二）滚珠丝杠机构

工业机器人传动机构经常采用滚珠丝杠机构，这是因为滚珠丝杠的摩擦力很小且运动响应速度高。由于滚珠丝杠机构在丝杠螺母的螺旋槽中放置了许多滚珠，在传动过程中所受的摩擦是滚动摩擦，可极大地减小摩擦力，所以传动效率较高，消除了低速运动时的爬行现象。在装配时施加一定的预紧力，可消除回程误差。

如图 2-2 和图 2-3 所示，滚珠丝杠中的滚珠从钢套管中出来，进入经过研磨的导槽，转动 2~3 圈以后，返回钢套管。滚珠丝杠机构的传动效率可以达到 90%，因此只需要使用极小的驱动力并采用较小的驱动连接件就能够传递运动。

图 2-2　滚珠丝杠实物

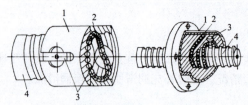

图 2-3　滚珠丝杠副
1—螺母；2—滚珠；3—回程引导装置；4—丝杠

滚珠丝杠机构用于各种线性运动应用。它们是将旋转运动转换为精密线性运动的最经济的方法之一，并且可以以出色的精度快速移动重载。滚珠丝杠机构可以将旋转运动平稳、高效地传输到线性动力，但必须正确安装和定期维护，以避免系统停机和过早故障。滚珠丝杠机构的日常维护主要包括以下几点。

（1）滚珠丝杠机构必须保持干净，不得有异物进入螺母和丝杆的滚槽。

（2）不可任意敲打，保持外观不受损伤。

（3）安装表面修整及清洁要彻底。

（4）螺母和丝杆都要加润滑油。

（5）不可将丝杠与螺母分离。

（6）丝杠两端加装防撞器，以避免运转超过行程极限而损伤滚珠丝杠机构。

（7）使用保护套保护滚珠丝杠机构，并且防尘。

（三）行星齿轮式丝杠机构

滚珠丝杠
机构维护

人们在螺母—丝杠的基础上开发出了以高载荷和高刚性为目的的行星齿轮式丝杠。行星齿轮式丝杠机构多用于精密机床的高速进给，从高速性和高可靠性来看，它也可用于大型工业机器人的传动，其原理如图 2-4 所示。螺母与丝杠轴之间有与丝杠轴啮合的行星轮，装有 7~8 套行星齿轮的丝杆可在螺母内自由回转，行星齿轮的中部有与丝杠轴齿啮合的螺纹，其两侧有与内齿轮啮合的齿轮。将螺母固定，驱动丝杠轴，行星齿轮便边自转边相对于内齿轮公转，并使丝杠轴沿轴向移动。行星齿轮式丝杠机构具有承载能力大、刚度高和回转精度高等优点，且由于采用了小螺距，所以丝杠定位精度也高。

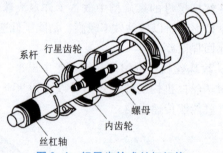

系杆　行星齿轮
螺母
内齿轮
丝杠轴

图 2-4　行星齿轮式丝杠机构

二、旋转传动机构维护

多数普通电动机和伺服电动机都能够直接产生旋转运动，但其输出转矩比所需要的转矩小，转速比所需要的转速高。因此，需要采用各种齿轮链、带传动装置或其他运动传动机构，把较高的转速转换成较低的转速，并获得较大的转矩。有时也采用直线液压缸或直线气缸作为动力源，这就需要把直线运动转换成旋转运动。这种运动的传递和转换必须高效率地完成，并且不能有损于工业机器人所需要的特性，特别是定位精度、重复精度和可靠性。运动的传递和转换可以选择齿轮链、同步带和谐波齿轮等方式完成。

目前工业机器人广泛采用的机械传动单元是减速器，与通用减速器相比，工业机器人关节减速器要求具有传动链短、体积小、功率大、质量小和易于控制等特点。大量应用在关节型工业机器人上的减速器主要有两类：RV减速器和谐波减速器。精密减速器使工业机器人伺服电动机在一个合适的速度下运转，并精确地将转速降到工业机器人各部分需要的数值，在提高机械本体刚性的同时输出更大的转矩。通常，RV减速器放置在机身、腰部（工业机器人臂部的支撑部分）、大臂等重负载位置（主要用于20kg以上的工业机器人关节）；谐波减速器放置在小臂、腕部和手部等轻负载位置（主要用于20kg以下的工业机器人关节）。

此外，工业机器人还采用齿轮传动、链（带）传动、直线运动单元等，如图2-5所示。

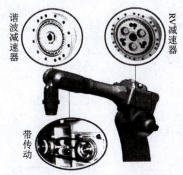

谐波减速器

RV减速器

带传动

图2-5　工业机器人关节传动单元

（一）齿轮机构

齿轮链是由两个或两个以上的齿轮组成的传动机构。它不但可以传递运动角位移和角速度，还可以传递力和转矩。

齿轮靠均匀分布在轮边的齿部的直接接触来传递力矩。通常，齿轮的角速度比和轴的相对位置都是固定的。因此，齿部以接触柱面为截面，等间隔地分布在圆周上。根据轴的相对位置和运动方向的不同，齿轮有多种类型，其中主要类型如图2-6所示。

圆柱齿轮的传动效率约为90%，因为其结构简单、传动效率高，所以圆柱齿轮在工业机器人设计中最常见。斜齿轮的传动效率约为80%，斜齿轮可以改变输出轴方向。锥齿轮的传动效率约为70%，锥齿轮可以使输入轴与输出轴不在同一个平面上，传动效率低。蜗轮蜗杆的传动效率约为70%，蜗轮蜗杆的传动比大，传动平稳，可实现自锁，但传动效率低，制造成本高，需要润滑。行星齿轮的传动效率约为80%，传动比大，但结构复杂。

行星齿轮的传动尺寸小、惯量小、一级传动比大、结构紧凑、载荷分散。内齿轮也具有较高的承载能力。工业机器人中常用的齿轮机构是行星齿轮机构和谐波齿轮机构。电动机是高转速、小力矩的驱动器，而工业机器人通常要求低转速、大力矩，因此，常用行星齿轮机构和谐波齿轮机构来完成速度和力矩的变换与调节。图2-7所示为行星齿轮结构简图。

齿轮机构的维护保养注意要点如下。

（1）装配齿轮时要注意保证传动轴与齿轮的中心线重合、齿轮基准面与传动轴中心线垂直；如果传动轴上有轴肩台，则齿轮基准面要与轴肩端面靠严；齿轮在传动轴上工作时不许产生轴向窜动现象。

（2）对于没有箱体保护的齿轮机构，要设置安全防护罩，以防止异物落在齿面上，小齿轮应浸在润滑油中，以保证齿轮传动有良好的润滑条件。

（3）保持齿轮润滑油清洁，发现润滑油杂质较多时，要及时过滤或更换润滑油。

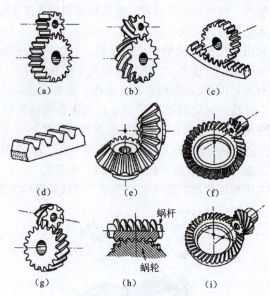

图 2-6 齿轮的主要类型

(a) 直齿轮；(b) 斜齿轮；(c) 内齿轮；(d) 齿条；
(e) 圆锥齿轮；(f) 弧齿圆锥齿轮；(g) 螺旋齿轮；(h) 蜗轮蜗杆；(i) 双曲线齿轮

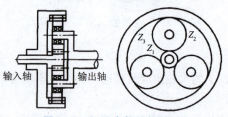

图 2-7 行星齿轮结构简图

（4）第一次投入使用的齿轮箱工作 500h 后，要清洗箱体内部，并重新更换润滑油。

（5）安装、拆卸齿轮时，不许用手锤击打齿部。

（6）发现齿面有毛刺或磨损麻坑时，要用油石修磨，不允许用锉或刮刀修整。

（7）齿部采用润滑脂润滑时，要定期清洗齿部，更换新润滑脂，以避免因润滑脂内含杂质较多而加快齿面磨损。

（8）对于新更换的齿轮，要注意齿轮工作面啮合接触受力位置。不正确的齿轮工作面啮合接触受力位置对齿轮使用寿命和工作噪声有较大的影响。

（二）谐波减速器

工业机器人的旋转关节大多采用谐波齿轮传动。谐波齿轮机构主要由刚轮、柔轮和谐波发生器等组成，如图 2-8 和图 2-9 所示。工作时，刚轮固定安装，各齿均布于圆周，具有外齿形的柔轮沿刚轮的内齿转动。当柔轮比刚轮少两个齿时，柔轮沿刚轮每转一圈就相对于反方向转过两个齿的相应转角。谐波发生器具有椭圆形轮廓，装在谐波发生器上的滚珠用于支承柔轮，谐波发生器驱动柔轮旋转并使之发生塑性变形。转动时，柔轮的椭圆形端部只有少数齿与刚轮啮合，只有这样柔轮才能相对于刚轮自由地转过一定的角度。

假设刚轮有 100 个齿，柔轮比它少 2 个齿，则当谐波发生器转 50 圈时，柔轮转 1 圈，这样只占用很小的空间就可得到 1∶50 的减速比。由于同时啮合的齿数较多，所以谐波发生器的力矩传递能力很强。在 3 个零件中，尽管任何 2 个都可以被选作输入元件和输出元件，但通常总是把谐波发生器装在输入轴上，把柔轮装在输出轴上，以获得较大的齿轮减速比。

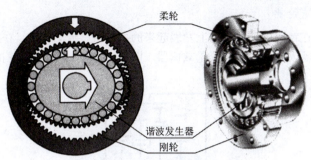

柔轮

谐波发生器

刚轮

图 2-8　谐波齿轮机构示意（1）

图 2-9　谐波齿轮机构示意（2）

由于自然形成的预加载谐波发生器啮合齿数较多，以及齿的啮合比较平稳，谐波齿轮传动的齿隙几乎为零，所以谐波齿轮传动精度高，回程误差小。但是，柔轮的刚性较差，承载后会出现较大的扭转变形，引起一定的误差，对于多数应用场合，这种变形不会引起太大的问题，不影响工程使用。

谐波减速器在工业机器人技术比较先进的国家已得到了广泛的应用。在日本，60% 的工业机器人驱动装置采用谐波减速器。

美国送入月球的机器人，其各关节部位都采用谐波齿轮机构，其中一只上臂就用了 30 个谐波齿轮机构。

苏联送入月球的移动式机器人"登月者"，其成对安装的 8 个轮子均是用密闭谐波齿轮机构单独驱动的。德国大众汽车公司研制的 ROHREN、GEROT R30 型工业机器人和法国雷诺公司研制的 VERTICAL 80 型工业机器人等都采用了谐波齿轮机构。

谐波减速器的维护方法如下。

（1）清洁。在使用谐波减速器之前，必须对其进行清洁，排除运输、囤积、保管等原因带入的尘土、水分及其他杂质，并在使用过程中经常对其进行清洁，避免积累过多污垢。

（2）润滑。谐波减速器在使用过程中，需要对其内部进行润滑作业。选用的润滑剂种类应根据谐波减速器的用途和工作环境、温度等综合因素确定，常用的润滑剂有液态润滑油和膏状润滑油。润滑油要定期更换，以保证良好的润滑性能。谐波减速器在正常工作情况下，第一次工作 500h 需更换润滑油，以后可在工作 3 000~4 000h 后更换一次润滑油。若谐波减速器工作在高温、多尘、有害气体及潮湿的恶劣条件下，则要适当缩短润滑油更换周期。

（3）紧固。在使用过程中，谐波减速器的紧固部位也需要进行维护。例如齿轮、联轴器、轴承等部位，都需要定期检查并适当拧紧。如果出现松动的情况，应及时处理。

（4）使用注意事项。在使用谐波减速器的过程中，还需要注意避免超载、避免超速使用、避免长时间连续工作等，以免产生意外情况。

（三）摆线针轮减速器

摆线针轮传动是在针摆传动的基础上发展起来的一种新型传动方式，在20世纪80年代日本研制出了用于工业机器人关节的摆线针轮减速器。图2-10所示为摆线针轮机构示意。

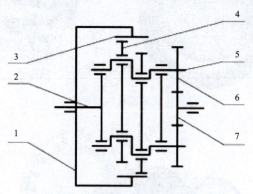

图2-10　摆线针轮机构示意
1—针齿壳；2—输出轴；3—针轮；4—摆线轮；
5—曲柄轴；6—渐开线行星齿轮；7—渐开线中心齿轮

摆线针轮机构由渐开线圆柱齿轮行星减速机构和摆线针轮行星减速机构两部分组成。渐开线行星齿轮6与曲柄轴5连成一体，作为摆线针轮传动部分的输入。如果渐开线中心齿轮7顺时针旋转，那么，渐开线行星齿轮在公转的同时还逆时针自转，并通过曲柄轴带动摆线轮做平面运动。此时，摆线轮因受与之啮合的针轮的约束，在其轴线绕针轮轴线公转的同时，还将反方向自转，即顺时针转动。同时，它通过曲柄轴推动行星架输出机构顺时针转动。

摆线针轮减速器是一种常用的工业装备，然而，在使用过程中，其由于运行时长、环境因素等原因容易出现故障。因此，对于维修安装要领，需要进行详细的了解和掌握，以保证摆线针轮减速器的正常运行。

在进行摆线针轮减速器维修保养之前，需要全面检查设备的状态，以便确认问题所在，具体操作如下。

（1）检查外观是否有明显的损伤或腐蚀痕迹。

（2）确认内部零部件是否运转灵活，避免存在断裂、磨损等问题。

（3）检查传动装置，如链条、齿轮、带轮等是否完好无损。

（4）检查电动机的安装定位是否准确，是否符合标准要求。

经过以上检查后，可以进行摆线针轮减速器的维修安装工作，具体步骤如下。

（1）拆卸摆线针轮减速器。将摆线针轮减速器从设备拆卸，并进行组件拆卸，如拆卸盖板、齿轮、轴承等。

（2）清洗零部件。将拆卸下来的零部件进行清洗，去除污垢和油污，并进行整理分类。

（3）更换零部件。根据检查结果，更换有问题的零部件，如轴承、齿轮等。

（4）重新组装。将更换过的零部件重新组装，注意零部件安装位置，要按照正确的顺序进行组装，并且一定要保证每个零部件的清洁。

（5）调试。重新安装完毕后，启动摆线针轮减速器进行调试，观察其是否运行正常，如有异常情况，应及时处理。

除了以上步骤，还需要注意以下几点。

（1）安全第一。在进行摆线针轮减速器维护保养时，一定要做好安全措施，避免出现伤害事故。

（2）规范操作。操作摆线针轮减速器时，要按照正确的流程和步骤进行，以免影响摆线针轮减速器的性能和安全性。

（3）定期检查。平时要加强对减速器的维护保养，在日常使用中要定期检查摆线针轮减速器的状态，及时发现问题并处理。

（四）RV 减速器

RV 传动是一种全新的传动方式，它是在传统针摆传动的基础上发展出来的，不仅克服了传统针摆传动的缺点，而且具有体积小、质量小、传动比范围大、寿命长、精度保持稳定、效率高、传动平稳等一系列优点。

与谐波减速器相比，RV 减速器不仅具有较高的疲劳强度、刚度及较长的寿命，而且回差精度稳定，故高精度工业机器人多采用 RV 减速器，且有逐渐取代谐波减速器的趋势。如图 2-11、图 2-12 所示，RV 减速器主要包括太阳轮（中心齿轮）、行星齿轮、转臂（曲柄轴）、转臂轴承、摆线轮（RV 齿轮）、针轮、刚性盘与输出盘等零部件组成。

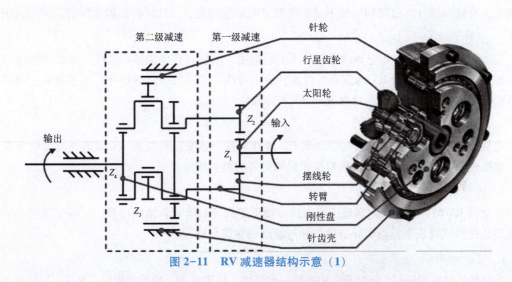

图 2-11 RV 减速器结构示意（1）

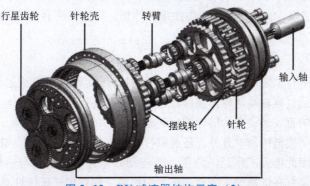

图 2-12 RV 减速器结构示意（2）

RV 减速器由第一级渐开线圆柱齿轮行星减速机构和和第二级摆线针轮行星减速机构两部分组

成，是一个封闭差动轮系。执行电动机的旋转运动由齿轮轴或太阳轮传递给两个渐开线行星齿轮，进行第一级减速；行星齿轮的旋转通过转臂带动相距 180°的摆线轮，从而生成摆线轮的公转。同时，摆线轮在公转过程中会受到固定于针轮壳上针轮的作用力而形成与摆线轮公转方向相反的力矩，进而造成摆线轮的自转运动，完成第二级减速。运动的输出通过两个转臂使摆线轮与刚性盘构成平行四边形的等角速度输出机构，将摆线轮的转动等速传递给刚性盘及输出盘。

相比于谐波减速器，RV 减速器的关键在于加工工艺和装配工艺。RV 减速器具有更高的疲劳强度、刚度和更长寿命，不像谐波减速器那样随着使用时间延长，运动精度会显著降低，其缺点是质量大，外形尺寸也较大。

有效维护保养 RV 减速器，需要从常规检查、定期润滑、清洗和维护、噪声和振动检查、负载监控、预防性维护等方面进行。

1. 常规检查

在每次启动前，检查 RV 减速器的所有部件和接口，以确保没有异常或损坏。特别注意齿轮和轴承等关键部位，这些部位的微小问题都可能对整个系统产生重大影响。

2. 定期润滑

润滑是维护 RV 减速器的关键步骤。根据制造商的建议，定期使用适当的润滑剂润滑 RV 减速器的所有移动部件。过度润滑或不足润滑都可能导致问题，因此应仔细遵循润滑剂使用说明。

3. 清洗和维护

定期清除 RV 减速器外壳和内部零部件上的尘埃、油脂和其他杂质。这些污染物可能导致齿轮和轴承卡滞，进而影响 RV 减速器的性能和使用寿命。按照制造商的指导，定期更换过滤器或空气滤清器，以防止尘埃和污染物进入 RV 减速器。

4. 噪声和振动检查

定期监测 RV 减速器的噪声和振动水平。异常的噪声或振动可能是 RV 减速器故障的早期警告。如果发现异常，则应立即停机检查并采取必要的维护措施。

5. 负载监控

要确保 RV 减速器在额定负载下运行。过载可能会导致齿轮和轴承过载，从而加速损坏。使用负载监控器或仪表来监测实际负载，并与额定负载进行比较。

6. 预防性维护

实施预防性维护计划，定期检查和更换关键部件，如密封件、轴承和齿轮。根据 RV 减速器的使用情况和制造商的建议，制定合适的预防性维护计划，并确保所有零部件都得到适当的维护和更换。

（五）链传动

链传动用于传递平行轴之间的回转运动，或把回转运动转换成直线运动。工业机器人中的带传动和链传动分别通过带轮或链轮传递回转运动，有时还用于驱动平行轴之间的小齿轮。

链传动是将链条的直线运动变为链轮的回转运动，它的回转角度可大于 360°。图 2-13（a）所示为单杆活塞气缸驱动链传动。此外，还有双杆活塞气缸驱动链传动，如图 2-13（b）所示。

链传动效率高，因此得到了广泛的应用。链传动高速运动时链条与链轮之间的碰撞会产生较大的噪声和振动，只有在低速时才能得到满意的效果，即适用于低惯性载荷的关节传动。链轮齿数少，摩擦力会增加，要得到平稳运动，链轮齿数应大于 17，并尽量采用奇数齿。

链传动应用广泛，保养与维护做得越好，链传动的故障就越少，从而可以节约费用，延长使

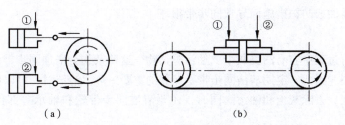

图 2-13 链传动

（a）音杆活塞气缸驱动链传动；（b）双杆活塞气缸驱动链传动

用寿命，充分发挥链传动的工作能力。

（1）传动的各链轮应当保持良好的共面性，链条通道应保持通畅。

（2）经常检查链轮轮齿工作表面，如发现磨损过大，及时调整或更换链轮。

（3）链条和链轮应保持良好的工作状态。

（4）链条应及时加注润滑油。润滑油必须进入滚子和内套的配合间隙，以改善工作条件，减少磨损。

（5）链条松边垂直度应保持适当。对可调中心距的水平和倾斜传动，链条松边垂直度应保持为中心距的 1%～2%，对垂直传动或受振动载荷、反向传动及动力制动，应使链条松边垂直度更小些。

（六）同步带（齿形带）传动

带传动和链传动基本相似。同步带类似工厂中的风扇皮带和其他传动皮带，所不同的是同步带上有许多型齿，它们和同样具有型齿的同步带轮齿啮合。工作时，它们相当于柔软的齿轮，具有柔性好、价格低两大优点。另外，同步带还用于输入轴和输出轴方向不一致的情况。

这时，只要同步带足够长，使扭角误差不太大，则同步带仍能够正常工作。在伺服系统中，如果输出轴的位置采用码盘测量，则输入传动的同步带可以放在伺服环外面，这对伺服系统的定位精度和重复精度不会有影响，重复精度可以达到 1 mm 以内。此外，同步带比齿轮链价格低得多，加工也容易得多。有时，齿轮链和同步带结合使用更为方便。

同步带的传动面上有与同步带轮啮合的梯形齿。同步带传动时无滑动，初始张力小，被动轴的轴承不易过载。同步带除了用于动力传动，还适用于定位。

在工业机器人中同步带传动主要用来传递平行轴间的运动。同步带和同步带轮的接触面都制成相应的齿形，靠啮合传递功率，如图 2-14 所示。

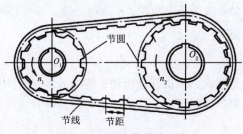

图 2-14 同步带传动示意

正确的维护和保养对于同步带的正常运行和使用寿命至关重要。通过保持清洁、调整张紧度、润滑保养、检查磨损情况、注意使用环境和定期维护等方法，可以有效地保护同步带，确保其正常运转和延长使用寿命。同时，还需要注意选择适合同步带材质的润滑油和防护措施，避免使用不合适的润滑油或防护措施而导致同步带损坏。

1. 保持清洁

同步带在运行过程中容易沾染灰尘、油污等杂物，这些杂物会增加同步带的磨损和摩擦，甚至导致同步带断裂。因此，定期清洁同步带是保养的重要一环。清洁时，可以使用软布或刷子轻轻擦拭同步带表面，去除灰尘和油污。同时，还要清洁同步带轮和轴承等部件，确保它们表面干净。

2. 调整张紧度

同步带的张紧度对其运行效果和使用寿命有很大影响。如果张紧度过低，则同步带容易打滑，影响传动效果；如果张紧度过高，则会增加同步带的磨损和负荷，缩短使用寿命。因此，需要定期检查同步带的张紧度，并根据需要进行调整。可以通过调整张紧轮的位置或添加张紧弹簧等方式来调整张紧度。

3. 润滑保养

同步带在运行过程中需要润滑，以减少摩擦和磨损。因此，需要定期为同步带添加适量的润滑油或润滑脂。添加润滑油时，要注意选择适合同步带材质的润滑油，避免使用不合适的润滑油导致同步带变质或损坏。同时，还要定期检查润滑油的量和质量，确保同步带得到充分的润滑。

4. 检查磨损情况

同步带在运行过程中难免出现磨损，如果磨损严重，则需要及时更换。因此，需要定期检查同步带的磨损情况。检查时，可以观察同步带表面是否有裂纹、磨损、变形等情况，如果发现异常情况，应及时处理。同时，还要检查同步带轮的磨损情况，如果发现同步带轮磨损严重，则也需要及时更换。

5. 注意使用环境

同步带的使用环境也会对其运行效果和使用寿命产生影响。因此，需要注意同步带的使用环境。在高温、潮湿、腐蚀性气体等恶劣环境下使用同步带时，需要采取相应的防护措施，如增加散热装置、防潮防腐等。此外，还要注意避免同步带受到冲击和振动，以免对其造成损坏。

6. 定期维护

除了以上几点外，还需要定期对同步带进行全面的维护。维护时，可以检查同步带的安装情况、张紧度、磨损情况等，并进行必要的调整和处理。同时，还要检查同步带轮的轴承、密封件等部件，确保其正常运转。如果发现异常情况，应及时处理，避免影响同步带的正常运行。

三、其他传动方式介绍

（一）绳传动与钢带传动

绳传动广泛应用于工业机器人的手爪开合传动，特别适合有限行程的运动传递。绳传动的主要优点是钢丝绳强度高、各方向上的柔软性好、尺寸小、预载后可能消除传动间隙。

同步带机构
及其维护

图2-15所示为一种多关节柔性手爪，它的每个手指具有若干个被动式关节，每个关节不是独立驱动的。在夹紧钢丝绳后手指环抱住物体，因此这种柔性手爪对物体形状有一种适应性。但是，这种柔性手爪并不同于各个关节独立驱动的多关节手爪。

绳传动的主要缺点如下：不加预载时存在传动间隙；绳索的蠕变和索夹的松弛使传动不稳定；多层缠绕后，在内层绳索及支承中损耗能量；效率低；易积尘垢。

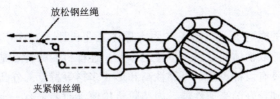

放松钢丝绳

夹紧钢丝绳

图 2-15　多关节柔性手爪

钢带传动的优点是传动比精确、传动件质量小、惯量小、传动参数稳定、柔性好、不需润滑、强度高。图 2-16 所示为钢带传动，钢带末端紧固在驱动轮和被驱动轮上，因此，摩擦力不是传动的重要因素。钢带传动适用于有限行程的传动。

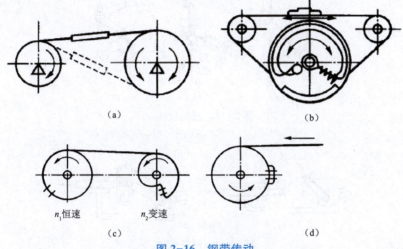

（a）

（b）

n_1恒速　　　n_2变速

（c）

（d）

图 2-16　钢带传动

（a）等传动比回转传动；（b）等传动比直线传动；
（c）变传动比回转传动；（d）变传动比直线传动

钢带传动已成功应用在 ADEPT 工业机器人上，其以 1∶1 的传动比在立轴和小臂关节轴之间进行直接驱动，从而进行远距离传动，如图 2-17 所示。

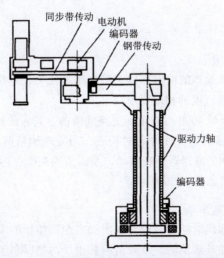

同步带传动　电动机

编码器

钢带传动

驱动力轴

编码器

图 2-17　采用钢带传动的 ADEPT 工业机器人

（二）杆、连杆与凸轮传动

重复完成简单动作的搬运工业机器人（固定程序工业机器人）中广泛采用杆、连杆与凸轮机构，例如，从某位置抓取物体放在另一位置的作业。连杆机构的特点是用简单的机构可得到较大的位移，而凸轮机构具有设计灵活、可靠性高和形式多样等特点。外凸轮机构是最常见的凸轮机构，它借助弹簧可得到较好的高速性能。内凸轮机构驱动时要求有一定的间隙，其高速性能劣于外凸轮机构。在圆柱凸轮机构中，圆柱凸轮用于驱动摆杆，而摆杆在与圆柱凸轮回转方向平行的面内摆动。设计凸轮机构时，应选用适应大负载的凸轮曲线（修正梯形和修正正弦曲线等）。凸轮机构如图 2-18 所示，连杆机构如图 2-19 所示。

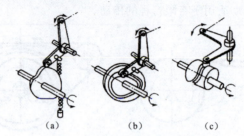

图 2-18　凸轮机构

（a）外凸轮机构；（b）内凸轮机构；（c）圆柱凸轮机构

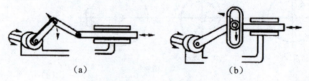

图 2-19　连杆机构

（a）曲柄式；（b）拨叉式

一、RV 减速器装配

（一）RV 减速器的装配技术要求及注意事项

1. RV 减速器的装配技术要求

（1）安装时不要对 RV 减速器的输出部件、箱体施加压力，连接时应满足工业机器人与 RV 减速器之间的同轴度以及与垂直度的相应要求。

（2）RV 减速器初始运行至 400h 后应重新更换润滑油，其后的换油周期约为 4 000h。

（3）箱体内应该保留足够的润滑油并定时检查，当发现油量减少或油质变坏时应及时补足或更换润滑油，应注意保持 RV 减速器外观清净，及时清除灰尘、污物以利于散热。

工业机器人用 RV 减速器如图 2-20 所示。

2. RV 减速器的装配注意事项

（1）向 RV 减速器内添加润滑油时，应使润滑油占全部体积的 10% 左右，以保证润滑充分。

（2）注意保持 RV 减速器外观清洁，及时清除灰尘、污物以利于散热。

（3）装配时，严禁用强力敲打 RV 减速器，以免损坏 RV 减速器。

（4）涂抹密封胶时，量不能太多，以免密封胶流入 RV 减速器内部；量也不能太少，否则会造成密封不良。

图 2-20 工业机器人用 RV 减速器

（二）RV 减速器的安装工艺过程

1. 作业前

安装 RV 减速器的物料及工具包括内六角圆柱头螺钉、螺纹防松胶和密封胶、内六角扳手、气动扳手、润滑油、周转箱、清洁抹布。

将物料和工具按作业要求的位置放置，防止混料、错用。

2. 作业中

按作业要求检查工艺文件是否完整，装配工艺卡、作业方案和作业计划是否符合要求。

3. 作业后

按要求进行物品检查，整理工具，清理作业场地。

**RV 减速器的
装配（视频）**

4. RV 减速器的装配步骤

RV 减速器的装配步骤见表 2-2。

表 2-2　RV 减速器的装配步骤

序号	操作步骤	示意图
1	安装摆线轮	
2	安装轴承	
3	安装齿壳	

学习笔记

序号	操作步骤	示意图
4	安装主轴承	
5	安装行星架	
6	安装行星齿轮	
7	安装卡簧	
8	翻转 RV 减速器，将 RV 减速器和电动机装入工业机器人基座	
9	安装 RV 减速器紧固螺钉	
10	涂抹螺纹防松胶	
11	用内六角扳手拧紧，RV 减速器装配完成	

二、谐波减速器装配

谐波减速器是应用于工业机器人领域的两种主要减速器之一，在关节工业机器人中，谐波减速器通常放置在小臂、腕部或手部。

1. 作业前

安装谐波减速器的物料及工具包括内六角圆柱头螺钉、螺纹防松胶和密封胶、内六角扳手、气动扳手、润滑油、周转箱、清洁抹布。

将物料和工具按作业要求的位置放置，防止混料、错用。

2. 作业中

按作业要求检查工艺文件是否完整，装配工艺卡、作业方案和作业计划是否符合要求。

谐波减速器的
装配（视频）

3. 作业后

按要求进行物品检查，整理工具，清理作业场地。

4. 谐波减速器的装配步骤

谐波减速器的装配步骤见表2-3。

表2-3　谐波减速器的装配步骤

序号	操作步骤	示意图
1	清洁钢轮，要求不能有异物	
2	在钢轮的齿部涂抹润滑油防锈，要求均匀涂抹，润滑充分，不得有杂物混入	
3	清洁柔轮，要求不能有异物	
4	在柔轮的齿部和相应部位涂抹润滑油防锈，要求均匀涂抹，润滑充分，不得有杂物混入	

序号	操作步骤	示意图
5	将柔轮和钢轮组合，要求不得敲击柔轮开口部的齿部，也不能用力压，以防止柔轮齿部变形或齿面磨损	
6	清洁谐波发生器，要求不能有异物	
7	在谐波发生器上和相应部位涂抹润滑油防锈，要求均匀涂抹，润滑充分	
8	将谐波发生器装入柔轮齿部内侧，要求不能敲击谐波发生器轴承部位，以防止轴承损坏	
9	检验，要求谐波减速器灵活转动无阻滞	

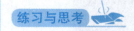

一、填空题

1. 工业机器人的传动机构是连接_____和_____的关键部分。

2. 传动机构利用机械方式传递_____和_____。

3. 工业机器人的传动机构要求_____小。

4. 工业机器人的传动机构要求消除_____，提高其运动和_____。

5. 工业机器人的传动机构除采用齿轮传动、蜗杆传动、链传动和行星齿轮传动外，还常用_____、RV减速器、钢带传动、同步带传动和绳传动等。

二、判断题

1. 根据工业机器人的关节形式，常用的传动机构有直线传动机构和旋转传动机构两大类。（　　）

2. 工业机器人采用的直线传动方式包括直角坐标结构的 X、Y、Z 向运动，圆柱坐标结构的径向运动和垂直升降运动，以及极坐标结构的径向伸缩运动。（　　）

3. 工业机器人的旋转关节大多采用谐波齿轮传动。谐波齿轮机构主要由刚轮、柔轮和谐波发生器等组成。（　　）

4. 直线运动不可以直接由气缸或液压缸的活塞产生，只能采用齿轮齿条、丝杠和螺母等传动机构及元件把旋转运动转换成直线运动。（　　）

5. 滚动轴承是精密配合件，多用于转速高、负荷大的支承位置，故其内部必须十分清洁，润滑良好。（　　）

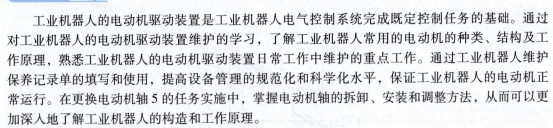

任务 2　电动机驱动装置维护

任务描述

工业机器人的电动机驱动装置是工业机器人电气控制系统完成既定控制任务的基础。通过对工业机器人的电动机驱动装置维护的学习，了解工业机器人常用的电动机的种类、结构及工作原理，熟悉工业机器人的电动机驱动装置日常工作中维护的重点工作。通过工业机器人维护保养记录单的填写和使用，提高设备管理的规范化和科学化水平，保证工业机器人的电动机正常运行。在更换电动机轴 5 的任务实施中，掌握电动机轴的拆卸、安装和调整方法，从而可以更加深入地了解工业机器人的构造和工作原理。

知识链接

工业机器人的驱动系统，按动力源分为液压、气动和电动三大类。根据需要可以由这三种基本类型组合成复合式的驱动系统。

一、直流伺服电动机的维护

电动机是一种机电能量转换的电磁装置。将直流电能转换为机械能的电动机称为直流电动机，将交流电能转换为机械能的电动机称为交流电动机，将脉冲步进电能转换成机械能的电动机称为步进电动机。

（一）直流伺服电动机的结构

根据直流伺服电动机的工作原理可知，直流伺服电动机由定子和转子组成。直流伺服电动机运行时静止不动的部分称为定子，其主要作用是产生磁场，由机座、主磁极、换向极、端盖、轴承和电刷装置等组成。直流伺服电动机运行时转动的部分称为转子，其主要作用是产生电磁转矩和感应电动势，是直流伺服电动机进行能量转换的枢纽，所以通常称为电枢，由转轴、电枢铁芯、电枢绕组和换向器等组成。直流伺服电动机实物如图 2-21 所示。

直流伺服电动机是在一个方向连续转动，或在相反的方向连续转动，运动连续且平滑，但是本身没有位置控制能力。

直流伺服电动机的优点如下：调速方便（可无级调速），调速范围广，调速特性平滑；低速性能好（起动转矩大，起动电流小），运行平稳，转矩和转速容易控制；过载能力较强，起动和

图 2-21　直流伺服电动机实物

制动转矩较大。直流电动机的缺点：存在换向器，其制造复杂，价格较高；换向器需要经常维护，电刷极易磨损，必须经常更换；噪声比交流伺服电动机大。

（二）直流伺服电动机的工作原理

如图 2-22 所示，N、S 为永磁铁，当位于 N、S 之间的导体转子有电流流过且转子电流和磁通正交时，由于磁场的作用，导体转子两边产生方向相反的电磁力，从而形成图 2-22 所示的转矩使导体转动。当导体转过 90°时，换向器使电流反向，使转子导体两边的电磁力反向，但由于此时转子位置的改变正好使所形成的转矩保持和原来相同的方向，所以转子继续向同一方向转动。这样，转子每转过 90°，换向器就使电流反向一次，使转子连续不断地转动。在图 2-22 所示位置开始通电时，转子转矩最大。

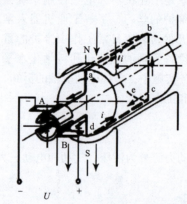

图 2-22　直流伺服电动机的工作原理示意

随着转子的转动，转矩逐渐减小，直到转子转过 90°时，转矩为零，转子继续转动，转矩又从零开始逐渐增大。因此，直流伺服电动机是一种转矩变化剧烈的电动机。

（三）直流伺服电动机的维护内容

直流伺服电动机是现代工业中广泛应用的一种精密控制电动机，具有高精度、高速度、高动态响应和广泛的适应性等特点。为了确保直流伺服电动机正常工作，需要对其进行日常维护。

1. 清洁

应定期对直流伺服电动机进行清洁，尤其在灰尘较多和湿度较高的环境中，更要注意对直流伺服电动机进行清洁。清洁时，可以使用软布擦拭外壳、转子和轴承等部件，并在必要时使用气枪将细小的灰尘吹除。

2. 润滑

直流伺服电动机中的轴承、齿轮等部件需要定期添加润滑油或润滑脂。添加润滑油或润滑脂的时间间隔应根据直流伺服电动机的使用情况确定，一般应在每个季度或每半年进行。

3. 检查

定期检查直流伺服电动机的连接线、传感器等部件，确保它们的连接牢固可靠。同时，还要检查直流伺服电动机是否存在损坏或变形等情况，如有问题应及时更换。

4. 稳定性

直流伺服电动机在工作时需要保持稳定。在电源电压不稳定或直流伺服电动机负载过重时，直流伺服电动机可能出现振动或噪声等，应及时调整电源电压或更换合适的直流伺服电动机。

5. 温度

直流伺服电动机在工作时会产生一定的热量，应及时检查其温度。如果直流伺服电动机的温度过高，则可能导致其损坏或工作不稳定，应及时停机并排除故障。

直流伺服电动机的日常维护是确保直流伺服电动机正常运行和延长直流伺服电动机寿命的关键。在日常维护中，需要注意直流伺服电动机的清洁、润滑、连接检查、稳定性和温度等问题。定期进行维护和检查，及时排除故障，能够有效地保护直流伺服电动机的正常运行，也可以适当延长直流伺服电动机的使用寿命，降低设备维护和更换的成本。

二、交流伺服电动机的维护

(一) 交流伺服电动机的结构

交流伺服电动机的定子绕组和单相异步电动机相似，它的定子上装有两个在空间中相差90°电角度的绕组，即励磁绕组和控制绕组。运行时励磁绕组始终加上一定的交流励磁电压，控制绕组则加上大小或相位随信号变化的控制电压。交流伺服电动机的结构如图2-23所示。

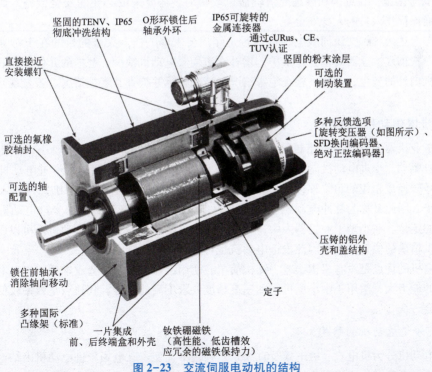

图 2-23 交流伺服电动机的结构

（二）交流伺服电动机的工作原理

交流伺服电动机的工作原理和单相异步电动机相似，LL 是有固定电压励磁的励磁绕组，LK 是由伺服放大器供电的控制绕组，两相绕组在空间相差 90°电角度。如果 LL 与 LK 的相位差为 90°，而两相绕组的磁动势幅值又相等，则这种状态称为对称状态。与单相异步电动机一样，这时在气隙中产生的合成磁场为一个旋转磁场，其转速称为同步转速。旋转磁场与转子导体相对切割，在转子中产生感应电流。转子电流与旋转磁场相互作用而产生转矩，使转子转动。如果改变加在控制绕组上的电流的大小或相位差，就破坏了对称状态，使旋转磁场减弱，交流伺服电动机的转速下降。交流伺服电动机的工作状态越不对称，总电磁转矩就越小，当除去控制绕组上的信号电压以后，交流伺服电动机立即停止转动。这是交流伺服电动机在运行上与普通异步电动机的区别。

（三）交流伺服电动机的维护内容

（1）日常检查。在日常工作中，需要对交流伺服电动机进行检查，包括外观、运转状况、电源连接等，确保其正常工作。

（2）定期清理。交流伺服电动机的散热口、风扇等部位容易积聚灰尘，影响散热效果。因此，需要定期清理，保持清洁。

（3）定期润滑。交流伺服电动机的轴承、链条等部位需要定期润滑，以减少磨损，延长使用寿命。

（4）负载检查。确保交流伺服电动机的负载在正常范围内，避免过载运行。

（5）定期维护。根据实际情况，制定定期维护计划，包括清洗、检查、更换磨损件等。

（6）维修记录。对交流伺服电动机的维修和保养情况做好记录，以方便追溯和管理。

（7）安全措施。在维护和修理交流伺服电动机时，需要采取必要的安全措施，如断电、上锁等，以确保操作人员的人身安全。

除了按上述内容，交流伺服电动机运行一年后要大修一次。大修的目的在于对交流伺服电动机进行一次彻底、全面的检查、维护，增补交流伺服电动机缺少、磨损的元件，彻底消除交流伺服电动机内外的灰尘、污物，检查绝缘情况，清洗轴承并检查其磨损情况。若发现问题，应及时处理。

三、步进电动机的维护

小型工业机器人或点位式控制工业机器人的位置精度较低，负载转矩较小，因此可以采用步进电动机驱动。步进电动机能在电脉冲控制下以很小的步距增量运动。步进电动机是将电脉冲激励信号转换成相应的角位移或线位移的离散值控制电动机。步进电动机每当输入一个电脉冲就动一步，因此又称为脉冲电动机。计算机的打印机和硬盘驱动器常用步进电动机实现打印头和磁头的定位。在小型工业机器人中，有时也用步进电动作为主驱动电动机。可以用编码器或电位器提供精确的位置反馈，因此步进电动机也可用于闭环控制。

步进电机的优点是没有累积误差、结构简单、使用维修方便、制造成本低。步进电动机带动负载惯量的能力大，适用于中小型机床和速度精度要求不高的场合。其缺点是效率较低、发热量大、有时会"失步"。

（一）步进电动机的结构

步进电动机分为机电式、磁电式及直线式三种基本类型。磁电式步进电动机因结构简单、可靠性高、价格低廉，故应用广泛。磁电式步进电动机主要有永磁式、磁阻式和混合式三种类型。

与普通电动机一样，步进电动机有定子和转子两部分，其定子又分为定子铁芯和定子绕组。

定子铁芯由电工钢片叠压而成。

（二）步进电动机的工作原理

步进电动机是将电脉冲信号转变为角位移或线位移的开环控制元件。在非超载的情况下，步进电动机的转速、停止的位置只取决于脉冲信号的频率和脉冲数，而不受负载变化的影响，即给步进电动机加一个脉冲信号，则其转过一个步距角。这一线性关系，加上步进电动机只有周期性误差而无累积误差等特点，使得在速度、位置等控制领域用步进电动机进行控制变得非常的简单。步进电动机结构示意如图 2-24 所示。

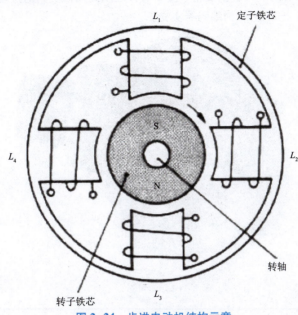

图 2-24　步进电动机结构示意

（三）步进电动机的维护内容

步进电动机是一种高精度、高可靠的电动机，需要定期维护才能保持其正常工作。在日常使用中，需要注意保持步进电动机干燥，进行定期清理和润滑，及时处理出现的问题，这样可以延长步进电动机的使用寿命，提高生产效率。

1. 定期清理

步进电动机在使用过程中会积聚灰尘等物质，严重时可能影响步进电动机的正常工作，因此，需要定期清理。

2. 停电检查

在对步进电动机进行拆卸、维修等操作之前，一定要确保将电源切断，以避免发生安全事故。

3. 定期润滑

步进电动机内部存在各种轴承和齿轮，需要定期润滑，这样可以减少步进电动机的磨损和摩擦，延长其使用寿命。

4. 保持干燥

步进电动机对湿度比较敏感，应尽可能避免在潮湿环境中使用步进电动机，以免影响其正常工作。

5. 定期检测

为了确保步进电动机正常工作，需要定期对其进行检测，主要检查电源电压、控制电路、轴承状态等问题，以便及早发现并解决问题。

四、编码器的维护

在工业机器人电气控制系统中，伺服电动机扮演着重要角色，这使编码器的重要性尤为突出。编码器是对信号（如比特流）或数据进行编制，将其转换为可用以传输和存储的信号形式的设备。编码器是传感器的一种，主要用于测量机械运动的角位移，通过角位移可计算出机械运动的位置、速度等。图 2-25 所示为编码器实物。

图 2-25 编码器实物

（一）编码器的分类

根据读取方法，编码器可分为接触式和非接触式。

根据工作原理，编码器可分为增量式和绝对式。增量式编码器将位移转换为周期性电信号，然后将电信号转换为计数脉冲，用脉冲数表示位移大小。绝对式编码器的每个位置对应一个确定的数字码，因此其示值仅与测量的开始和结束有关，而与测量的中间过程无关。

根据检测原理，编码器可分为光学式和磁式。根据其刻度法和信号输出形式，编码器可分为感应式、电容式和混合式三种。

（二）伺服电动机与编码器的关系以及编码器的工作原理

编码器安装在伺服电动机上，用来测量磁极位置和伺服电动机的转角及转速，从而精准控制工业机器人各轴的运动。最为常用的是增量式编码器，但其最大的问题是掉电后位置信息丢失，因此，要保持位置信息，可以采用绝对式编码器。如果机械振动较大，则选用光学式编码器就不合适了，这时需要采用旋转变压器或者磁式编码器。

1. 伺服电动机与编码器的关系

图 2-26 所示是伺服电动机与编码器的关系示意，伺服驱动器和编码器是构成伺服系统的两个必要组成部分，伺服驱动器通过读取编码器可以获得转子速度、转子位置和机械位置，从而实现以下功能。

（1）伺服电动机的速度控制。

（2）伺服电动机的转矩控制。

（3）机械位置同步跟踪（多个传动点）。

（4）定点停车。

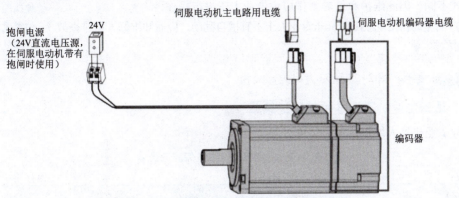

图 2-26　伺服电动机与编码器的关系示意

2. 编码器的工作原理

如图 2-27 所示，输入轴上装有玻璃制的编码圆盘。编码圆盘上印刷有能够遮住光的黑色条纹。编码圆盘两侧有一对光源与受光元件，中间有一个分度尺，编码圆盘转动时，遇到玻璃透明的地方光就会通过，遇到黑色条纹光就会被遮住。受光元件将光的有无转变为电信号后就成为脉冲（反馈脉冲）。编码圆盘上条纹的密度=伺服电动机的分辨率，即每转的脉冲数，根据条纹可以掌握编码圆盘的转动量。同时，表示转动量的条纹中还有表示转动方向的条纹，以及表示每转基准（叫作"零点"）的条纹。此脉冲每转输出 1 次，叫作"零点信号"。

根据这 3 种条纹，即可掌握编码圆盘，即伺服电动机的位置、转动量和转动方向。

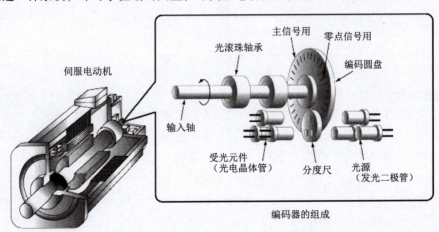

图 2-27　伺服电动机编码器的工作原理

（三）编码器的维护内容

为了延长编码器的使用寿命，防止其经常出现故障，需要做好编码器的维护保养工作，主要注意以下问题。

（1）对编码器机械部分定期进行检查工作，一般情况是每月一次，检查工作的内容主要是检查机械连接点，检查是否错位等。

（2）编码器属于精密仪器，其中的电控设备不可随意调整，尤其是互锁装置，这一方面是为了保证编码器能正常使用，另一方面是为了保证人员使用安全。

（3）编码器需要与控制器、电气控制系统等一起使用，这些设备功率大，操作方式不同，因此维护和保养工作应由专业人士进行操作。

（4）当编码器出现故障时，非专业人士不宜擅自乱动，应通知维修人员排查故障并及时检修。

编码器使用的常见问题与处理

任务实施

一、填写工业机器人维护保养记录单

填写工业机器人维护保养记录单（表2-4）。

表2-4　工业机器人维护保养记录单

保养单位：　　　　　　　　　　　　　　　　　　　　　　　保存期：5年

设备名称		型号		设备编号	
内容： 工业机器人电动机驱动装置各部件情况是否符合要求，清洁情况、润滑情况、紧固情况以及运转情况是否符合要求			备　注		
部位	零部件名称	检查日期	现象	执行人	检查情况
直流伺服电动机					
交流伺服电动机					
步进电动机					
编码器					
负责人：　　　　　　　　　　　　　　　　　　　　　　验收人：					

二、更换电动机轴 5

以 ABB IRB 120 工业机器人为例，更换电动机轴 5，电动机轴 5 的位置如图 2-28 所示。

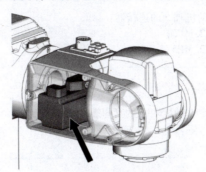

图 2-28　电动机轴 5 的位置

所需工具及材料包括内六角螺钉（2.5~17mm）、转矩扳手（0.5~10N·m）、小螺丝起子、塑料槌、转矩扳手 1/2 的棘轮头、插座头、插座、小剪钳、带球头的 T 形手柄，法兰密封胶、电缆润滑脂、食品级润滑油等。

（一）拆卸带同步带轮的电动机轴 5

拆卸带同步带轮的电动机轴 5 的步骤见表 2-5

表 2-5　拆卸带同步带轮的电动机轴 5 的步骤

序号	操作步骤	示意图
1	⚠ 关闭工业机器人的所有电力、液压和气压供给	
2	⚠ 务必用小刀削除涂料，并在拆卸零件时打磨涂料边缘	
3	拆卸腕部两侧的腕部侧盖	部件： ·A：手腕侧盖（2pcs）
4	拧松固定夹具的连接螺钉	部件： ·A：连接螺钉 ·B：夹具
5	拆卸连接器支座	部件： ·A：连接螺钉（2pcs） ·B：连接器支座

序号	操作步骤	示意图
6	断开电动机轴 5 的连接器： （1）R2. MP5； （2）R2. ME5	
7	拧松固定电动机轴 5 的紧固螺钉	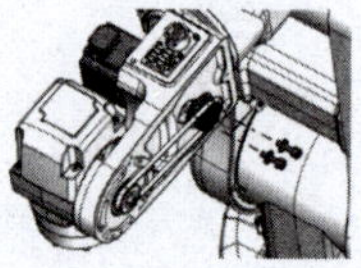
8	从同步带轮上取下同步带	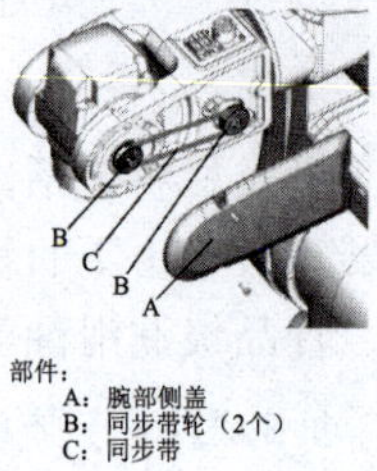 部件： A：腕部侧盖 B：同步带轮（2个） C：同步带
9	拆卸带同带轮的电动机轴 5	

（二）重新安装电动机轴 5

安装电动机轴 5 的步骤见表 2-6。

表 2-6   安装电动机轴 5 的步骤

序号	操作步骤	示意图
1	清洁已打开的关节，更换零件前先去除工业机器人的涂料或表层。	
2	检查： （1）所有装配面是否均清洁无损坏； （2）电动机是否清洁无损坏	
3	将电动机放入腕部壳	
4	重新连接各连接器： （1）R2. MP5； （2）R2. ME5	
5	重新安装同步带轮上的同步带	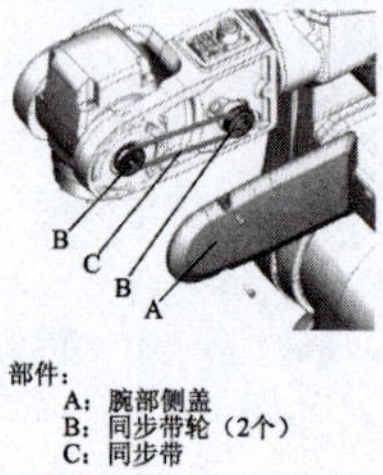 部件： A：腕部侧盖 B：同步带轮（2个） C：同步带

学习笔记

序号	操作步骤	示意图
6	拧紧固定电动机的紧固螺钉和垫片，只要仍能移动电动机即可（2N·m）	 紧固螺钉M5×16（Q12.9）和垫片（22只）
7	将电动机移到同步带张力恰到好处的位置	新皮带：$F = 7.6 \sim 8.4N$ 旧皮带：$F = 5.3 \sim 6.1N$
8	用连接螺钉和垫片固定电动机轴5。	拧紧转矩：4Nm。
9	重新安装连接器支座	拧紧转矩：1N·m A B 部件： ·A：连接螺钉（2个） ·B：连接器支座
10	用连接螺钉重新安装夹具	拧紧转矩：1N·m A B 部件： ·A：连接螺钉 ·B：夹具
11	用电缆带固定电缆	 A 部件： ·A：电缆带（2个）
12	重新安装腕部侧盖	拧紧转矩：1N·m A 部件： ·A：腕部侧盖（2个）
13	密封已打开的关节为其上漆	
14	完成所有工作后，用蘸有酒精的无绒布擦掉工业机器人上的颗粒物	
15	重新校准工业机器人	
16	确保在首次试运行时满足所有安全要求	

练习与思考

一、填空题

1. 工业机器人的驱动系统按动力源分为_____、_____和_____三大类。根据需要也可由这三种基本类型组合成复合式的驱动系统。

2. 交流伺服电动机由_____和_____构成。

3. 步进电动机分为_____式、_____式及_____式三种基本类型。

4. 根据检测原理，编码器可分为_____式和_____式。

二、选择题

1. 工业机器人的直流伺服电动机应每年检查（　　），加工任务繁重，频繁加、减速的工业机器人手臂中的直流伺服电动机应每两个月检查一次。

A. 一次　　　　　B. 二次　　　　　　　　C. 三次

2. 根据其刻度法和信号输出形式，编码器可分为（　　）、（　　）和（　　）三种。（多选）

A. 感应式　　　　B. 电容式　　　　　　　C. 混合式

三、判断题

1. 交流伺服电动机通常都是单相异步电动机，有鼠笼形转子和环形转子两种结构形式。（　　）

2. 编码器是传感器的一种，主要用于测量机械运动的角位移，通过角位移可计算出机械运动的位置、速度等。（　　）

任务3 液压驱动系统维护

任务描述

液压驱动系统以液压油（机油）为工作介质，通常由液动机（各种液压缸、液压马达）、伺服阀、油系、油箱等组成，以液压油来驱动执行机构进行工作。通过定期的维护和保养，可以及时发现和解决潜在的问题，避免液压驱动系统出现故障或性能下降。学生在填写和使用工业机器人维护保养记录单时，记录日常维护、检修、故障处理等情况，为设备的维护保养提供依据。通过工业机器人液压手臂维护流程图的编制，学生需要充分发挥创新思维，深入了解液压驱动系统的结构和工作原理，掌握生产中维护和保养的操作技能，这有助于培养学生的实践能力，提高其解决实际问题的能力。

知识链接

液压元件是指以液压油（机油）为工作介质，通过压缩液压油产生的力来做功的元件，即将液压油的弹性能量转换为动能。

一、液压驱动系统的基本组成

液压驱动系统大多用于要求输出力较大的场合，在低压驱动条件下比气压驱动系统的速度低。液压驱动系统的输出力和功率很大，能构成伺服机构，常用于大型工业机器人关节的驱动。

一个完整的液压驱动系统通常由五个部分组成，即动力元件、执行元件、控制元件、辅助元件（附件）和工作介质。其特点是操作力大、体积小、传动平稳且动作灵敏、耐冲击、耐振动、防爆性好。图2-29所示为液压系统。

图 2-29　液压系统

　　动力元件包括电动机和液压泵，它们的作用是利用液体把原动机的机械能转换成液压力能，是液压驱动系统中的动力部分。

　　执行元件包括液压缸、液压马达等，它们将液体的液压能转换成机械能。其中，液压缸作直线运动执行元件，液压马达作旋转运动执行元件。

　　控制元件包括节流阀、换向阀、溢流阀等，它们的作用是对液压驱动系统中工作液体的压力、流量和流向进行调节控制。

　　辅助元件是安装于液压管路中的其他元件，包括压力表、滤油器、蓄能装置、冷却器、管件各种管接头（扩口式、焊接式、卡套式）、高压球阀、快换接头、软管总成、测压接头、管夹及油箱等，它们同样十分重要。

　　工作介质是指各类液压油或乳化液，它们经过液压泵实现能量转换。

　　采用液压缸作为液压驱动系统的动力元件，能够省去中间动力减速器，从而消除了齿隙和磨损问题。液压缸的结构简单、价格低，这使它在工业机器人手部的往复运动装置和旋转运动装置上都获得广泛应用。

二、液压驱动系统的工作原理

　　液压驱动系统将液压泵产生的压力能转变成机械能。图2-30所示为液压驱动系统的工作原理示意。

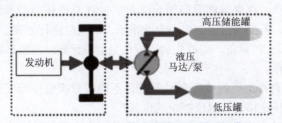

图 2-30　液压驱动系统的工作原理示意

　　在工业机器人出现的初期，由于其运动大多采用曲柄和导杆等杆件机构，所以大多使用液压驱动和气压驱动方式。

三、液压驱动系统的维护内容

　　（1）对液压驱动系统进行定期维护与保养要比出现故障后进行维修更经济。应该在经过一定工作时间以后，对液压驱动系统进行定期预防性保养并对重要密封材料进行定期更换。

为了防止遗漏，一般应按照液压油流动方向进行保养程序。

①油箱。油面液位必须保证在正确的位置和范围，液压油必须是规定型号，并且具有对应的黏度。对于负荷较大的系统，可定期进行油样分析，确认液压油是否能继续使用。如果有问题，应立即更换液压油。

②吸油管路。必须检查管路是否有磕碰、损坏及严重弯曲、缩径情况，它会减少油管的通径，成为液压驱动系统工作噪声源。如果有问题，应立即更换吸油管路。

③液压泵。检查轴端盖的密封情况和漏油情况。如有泄漏，应立即检修、更换配件、重新紧固结构件。

④压力油管。对于压力端的不同油路，应从液压泵开始沿液压油流动方向逐段检查各连接点，不应存在泄漏。如有泄漏，应立即检修、更换配件、重新紧固结构件。

⑤控制元件部分。主要检查单向阀、换向阀的接口处泄漏情况。如有泄漏，应立即检修、更换配件、重新紧固结构件。

⑥回油管路及滤油器。必须检查管路是否有磕碰、损坏及严重弯曲、缩径情况，它会减少油管的通径。必须检查它们的泄漏情况。如有泄漏，应立即检修、更换配件、重新紧固结构件。必须检查滤油器，如滤油器外部有污染指示，需将过滤器的滤芯取出，检查是否需要清洗或更换。

⑦执行元件。需检查液压缸、液压马达的本体泄漏情况。如有泄漏，应立即检修、更换配件、重新紧固结构件。

⑧辅件和附件。定期检查和每日巡查包括压力表、滤油器、蓄能装置、冷却器、管件各种管接头（扩口式、焊接式、卡套式）、高压球阀、快换接头、软管总成、测压接头、管夹及油箱等的工作情况。如有泄漏或者发现明显问题，应立即检修、更换配件、重新紧固结构件。

⑨电气部分。定期检查液压泵电动机的电气接线部分的连接。如有问题，应立即检修、更换配件。

（2）液压驱动系统在初次使用3个月后，应更换一次液压油。以后每隔半年更换一次，以保证液压驱动系统的正常运行。对于使用频率比较高的设备，考虑每3个月应更换一次液压油。

（3）在液压驱动系统运行过程中，应随时通过外部指示器或者直接检查滤油器滤芯阻塞情况，并及时清洗或更换滤芯。

（4）平时应常备易损件及控制元件、执行元件、辅件元件，以便及时维护、处理出现的故障。

（5）注意液压驱动系统的环境工作温度要求。通常在冬季室内油温未达到25℃时，液压驱动系统不准开始顺序动作。在夏季油温高于60℃时，要注意液压驱动系统的工作状况，以防止元件或者管路接头迸裂，若出现故障，应由专业维修人员及时进行处理。

（6）对于停机4h以上的设备，应该先启动液压泵空载运转。空载运转5min后，再启动执行元件等运动机构开始工作。

（7）对于已经调试合格出厂的液压驱动系统，不能任意调整执行元件的电气控制系统的互锁装置，更不能损坏或任意移动各限位挡块的位置。

（8）当液压驱动系统出现故障时，不准擅自乱动，应立即通知维修部门分析原因并排除故障。定期对液压驱动系统的元件进行检查。

任务实施

一、填写工业机器人维护保养记录单

填写工业机器人维护保养记录单（表2-7）。

表 2-7　工业机器人维护保养记录单

保养单位：　　　　　　　　　　　　　　　　　　　　　　　保存期：5 年

设备名称		型号		设备编号	
内容： 检查液压泵、滤油器、回油管路，检查控制元件、执行元件、辅助元件是否符合要求。				备　注	
部位	零部件名称	检查日期	现象	执行人	检查情况
液压泵、滤油器、回油管路					
控制元件					
执行元件					
辅助元件					
负责人：				验收人：	

二、编制工业机器人液压手臂维护流程图

工业机器人液压手臂发生爬行现象时，一般执行以下检查流程，根据检查流程绘制工业机器人液压手臂维护流程图。

（一）检查液压泵、滤油器、回油管路

（1）检查液压泵是否泄漏。

（2）检查滤油器的外部指示器是否有显示，或者直接检查滤芯是否堵塞。

（3）检查回油管路是否有磕碰、损坏及严重弯曲、缩径情况，它会减少油管的通径。

（4）检查压力表是否正常。

（5）检查液压油黏度是否正常。

（二）检查控制元件

（1）检查单向阀的限流位置是否正常，检查阀芯是否到位。

（2）检查换向阀的换向动作是否正常，检查阀芯是否到位。

（3）检查单向阀、换向阀是否泄漏。

（三）检查执行元件

（1）检查液压缸动作是否正常，有无卡滞现象。

（2）检查液压马达动作是否正常。

（3）检查液压缸、液压马达接头是否泄漏。

（四）检查辅助元件

检查压力表、滤油器、蓄能装置、冷却器、管件各种管接头（扩口式、焊接式、卡套式）、高压球阀、快换接头、软管总成、测压接头、管夹及油箱是否泄漏。

练习与思考

一、填空题

1 液压驱动系统通常由五个部分组成，即＿＿＿＿、＿＿＿＿、＿＿＿＿、＿＿＿＿（附件）和工作介质。

2. 执行元件包括液压缸、液压马达等，它将液体的液压能转换成机械能。其中，液压缸作＿＿＿＿运动执行元件，液压马达作＿＿＿＿运动执行元件。

3. 对液压驱动系统进行定期维护与保养检查要比出现故障后进行维修更经济。应该在经过一定工作时间以后，对液压驱动系统进行定期预防性保养并对重要密封材料进行定期＿＿＿＿。

4. 当液压驱动系统出现故障时，不准擅自乱动，应立即通知维修部门分析原因并排除故障。定期对液压驱动系统的＿＿＿＿、＿＿＿＿进行检查。

二、判断题

1. 液压驱动系统大多用于要求输出力较大的场合，在低压驱动条件下比气压驱动系统的速度低。液压驱动系统的输出力和功率很大，能构成伺服机构，常用于大型工业机器人关节的驱动。（　　　）

2. 液压驱动系统的特点是操作力大、体积小、传动平稳且动作灵敏、耐冲击、耐振动、防爆性好。（　　　）

3. 辅助元件是安装于液压管路中的其他元件，包括压力表、滤油器、蓄能装置、冷却器、管件各种管接头（扩口式、焊接式、卡套式）、高压球阀、快换接头、软管总成、测压接头、管夹及油箱等，它们并不重要。（　　　）

4. 液压驱动系统在初次使用 3 个月后，应更换一次液压油。以后每隔半年更换一次，以保证液压驱动系统的正常运行。对于使用频率比较高的设备，考虑每 3 年更换一次液压油。（　　　）

三、简答题

1. 为了防止遗漏，一般应按照液压油流动方向进行保养，其保养程序是怎样的？

2. 液压驱动系统的工作原理是什么？

任务4 气压驱动系统维护

任务描述

气压驱动系统以压缩气体为工作介质，通过各种元件组成不同功能的基本回路，由若干基本回路有机地组合成整体，进行动力或信号的传递与控制。通过工业机器人手部夹持气缸线路连接、调试及添加法兰气路的信号，学生可以了解气动驱动系统的工作原理，包括气源、气路控制元件、执行元件等组成部分的作用和工作方式。

知识链接

气动元件是指通过气体的压强或膨胀产生的力来做功的元件，即将压缩空气的弹性能量转换为动能的元件，如气缸、气动马达、蒸汽机等。气动元件也是能量转换装置，它利用气体压力来传递能量。

一、气动驱动系统的基本组成

气动驱动系统主要用于驱动各种不同工作目的的机械装置。其最重要的三个控制内容是力的大小、力的方向和运动速度。与生产装置连接的各种类型的气缸，靠压力控制阀、方向控制阀和流量控制阀分别实现对力的大小、力的方向和运动速度的控制，即压力控制阀用于控制气动驱动系统输出力的大小，方向控制阀用于控制气缸的运动方向，速度控制阀用于控制气缸活塞或者柱塞的运动速度。

气动驱动系统的组成通常如下：气源设备，包括空压机、储气罐；气源处理元件，包括后冷却器、过滤器、干燥器和排水器；压力控制阀，包括增压阀、减压阀、安全阀、顺序阀、压力比例阀、真空发生器；润滑装置，包括油雾器、集中润滑元件；方向控制阀，包括电磁换向阀、气控换向阀、人控换向阀、机控换向阀、单向阀、梭阀；各类传感器，包括磁性开关、限位开关、压力开关、气动传感器；流量控制装置，包括速度控制阀、缓冲阀、快速排气阀；执行元件，包括摆动气缸、气动马达、气爪、真空吸盘；其他辅助元件，包括消声器、接头与气管、液压缓冲器、气液转换器。

二、典型气动驱动系统的组成

典型气动驱动系统通常由以下部分组成：空气压缩机（简称空压机），用作气动驱动系统的动力源；后冷却器，用于降低空压机产生的压缩空气温度；气罐，用于稳压、储能；主路过滤器，用于过滤压缩空气中的杂质；干燥器，用于除去压缩空气中的水；气动三联件，用于进一步过滤除杂，进行使用端压力调节，给油润滑（无油润滑系统中不使用）；控制阀，用于对压缩空气流向

气动系统介绍

进行方向控制；调速阀，用于对压缩空气进行流速控制；执行元件，用于将压力转换为机械动作。典型气动驱动系统组成如图2-31所示。

三、气动驱动系统的常见故障与排除方法

（一）气源的故障与排除

气源处理不符合要求。由于气源干燥得不够，或气缸在高温、潮湿条件下工作，气源内的水分附着气缸工作腔内，导致活塞或活塞杆工作表面锈蚀，加大了缸筒和活塞密封圈、活塞杆和组

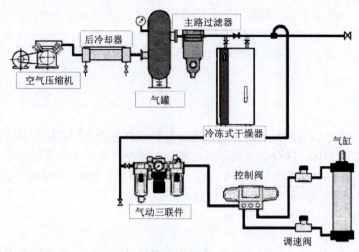

图 2-31　典型气动驱动系统组成

合密封圈之间的摩擦力，进而导致活塞或活塞杆出现爬行现象，或气缸工作腔内有锈水淤积。另外，气源中的杂质可能夹杂在活塞与缸筒之间，加大摩擦力、划伤缸筒内壁，也会引起气缸出现爬行现象。

维护的办法：加强气源的过滤和干燥手段，定期排放分水滤气器和油水分离器中的污水，定期检查分水滤气器是否正常工作。

（二）气缸的故障与排除

1. 气缸的装配不符合要求

气缸的装配不符合要求，会导致气缸活塞或活塞杆出现爬行现象。

（1）产生故障的原因。气缸端盖密封圈压得太死或活塞密封圈的预紧力过大；活塞或活塞杆在装配中出现偏心。

（2）排除的方法。适当减小密封圈的预紧力，或重新安装活塞和活塞杆，使活塞和活塞杆在缸筒内的运动不受偏心载荷的作用。

2. 关键的工作表面加工精度不符合要求

（1）产生故障的原因。对于气缸来说，缸筒内径的加工精度要求是比较高的，表面粗糙度根据活塞所使用的密封圈的形式而异。用○形橡胶密封圈时，缸筒内径的加工精度为 3 级，表面粗糙度为 0.4 μm；用 Y 形橡胶密封圈时，缸筒内径的加工精度为 4~5 级，表面粗糙度为 0.4 μm。缸筒圆柱度、圆度误差不能超过尺寸公差的 1/2，端面与内径的垂直度误差应不大于尺寸公差的 2/3。有些加工出现超差的气缸，缸筒内壁的表面粗糙度远不能满足要求，从而使活塞密封圈与缸筒之间的摩擦系数增大，导致气缸启动压力升高，出现活塞和活塞杆爬行现象。活塞密封圈磨损加剧，容易导致气缸内泄现象，使气缸出现喘振，不能满足工作要求。

（2）排除的方法。提高缸筒和活塞杆工作表面的加工精度；重新研磨缸筒与活塞环的配合。

3. 润滑不良

（1）产生故障的原因。气缸缸壁与活塞密封圈的相对滑动面的润滑效果直接影响气缸的正常工作。在装配气缸时，所有气动元件的相对运动工作表面都应涂润滑油。在气动驱动系统运行过程中，油雾器应保持正常的工作状态。油雾器出现故障，会使相对运动工作表面之间的摩擦加剧，导致气缸的输出力不足、动作不平稳而发生喘振，并出现爬行现象。另外，在设计时应充分考虑气缸的工作环境，采取防护措施，防止冷却水喷射到气缸上导致锈蚀。

（2）排除的方法。出现润滑不良故障时，应调整活塞杆的中心，检查油雾器的工作是否可靠、供气管路是否被堵塞。当气缸内存有冷凝水和杂质时，应及时清除。

4. 缓冲故障

（1）产生故障的原因。气缸的缓冲是防止活塞坐底的保护措施。气缸的缓冲效果不良，一般是缓冲密封圈磨损或调节螺钉损坏所致。

（2）排除的方法。应更换缓冲密封圈或调节螺钉。如果出现了气缸的活塞杆和缸盖缓冲不良导致的损坏，则一般是由活塞杆安装偏心或缓冲机构不起作用造成的。对此，应调整活塞杆的中心位置，更换缓冲密封圈或调节螺钉。

5. 压缩空气泄漏

（1）产生故障的原因。气缸出现压缩空气内、外泄漏，一般是活塞杆安装偏心、润滑油涂抹不匀、油雾器供应不足、密封圈和密封环磨损或损坏、气缸内有杂质及活塞杆有伤痕等造成的。

（2）排除的方法。当气缸出现内、外泄漏时，应重新调整活塞杆的中心，以保证活塞杆与缸筒的同轴度。应检查油雾器工作是否可靠，以保证执行元件润滑良好。另外，当密封圈和密封环出现磨损或损坏时，应及时更换密封圈和密封环。若气缸内存在杂质，则应及时清除。当活塞杆上有伤痕时，应更换活塞杆。

（三）气缸常见故障及排除

1. 气缸摆动速度低

（1）产生故障的原因。速度控制阀关闭；阀、配管的气体流量不足；负载过大。

（2）排除的方法。调整单向节流阀；更换大尺寸元件；更换输出力大的元件。

2. 气缸动作不圆滑

（1）产生故障的原因。摆动速度过低；负载大小在摆动过程中有变化（如受重力影响等）；密封件泄漏。

（2）排除的方法。使用气液转换器或气液摆动气缸，用液阻调速；更换密封件。

3. 气缸输出轴部分有空气泄漏

（1）产生故障的原因。输出轴密封件磨损（叶片式）；活塞密封件磨损（齿轮齿条式）。

（2）排除的方法。更换输出轴密封件；更换活塞密封件。

4. 气缸的日常检查维护

在使用中应定期检查气缸各部位有无异常现象，若发现问题应及时处理。

（1）检查各连接部位有无松动等，对轴销式安装的气缸等活动部位应定期加润滑油。

（2）气缸正常工作条件：工作压力为 0.4~0.6 MPa，普通气缸运动速度范围为 50~500mm/s，环境温度为 5~60℃。在低温下，需采取防冻措施，防止系统中的水分冻结。

（3）气缸检修好后重新装配时，零件必须清洗干净，不得将脏物带入气缸。另外，应防止密封圈被剪切、损坏，并注意密封圈的安装方向。

（4）气缸拆下的零部件长时间不使用时，所有加工表面应涂防锈油，进、排气口应加防尘塞。

（5）制订气缸的月、季、年的维护保养制度。

（6）气缸拆卸后，首先应对缸筒、活塞、活塞杆及缸盖进行清洗，除去表面的锈迹、污物和灰尘颗粒。

（7）所选用的润滑油不能含固体添加剂。

（8）密封材料根据工作条件确定，最好选用聚四氟乙烯（塑料王），该材料摩擦系数小（约为0.04），耐腐蚀、耐磨，能在80~200℃的温度范围内工作。

（9）在安装Y形密封圈时要注意安装方向。

工作站配备4个快换工具，如图2-32~图2-35所示。工业机器人手臂安装有法兰端快换模块，不同工具间无须人为干涉即可自动完成切换。

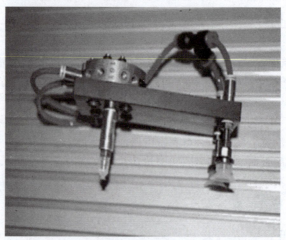

图2-32 吸盘

图2-33 锁螺丝机

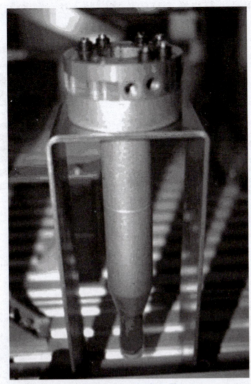

图 2-34　涂胶工具

图 2-35　夹爪

一、连接法兰工具的气路

法兰又叫作法兰凸缘盘或突缘。法兰是轴与轴之间相互连接的零件，用于管端之间的连接。

工业机器人法兰的主要作用是进行快换工具的连接安装。法兰结构如图2-36所示，图2-37所示为法兰模型。

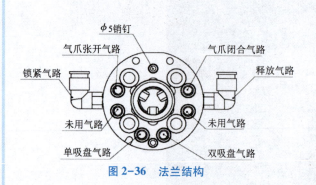

图2-36　法兰结构

图2-37　法兰模型

法兰共包括7条气路，可分为快换工具气路、手爪气路、吸盘气路三部分。气路安装流程如图2-38所示。法兰气路示意如图2-39所示。

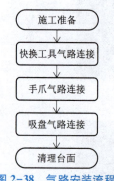

图2-38　气路安装流程

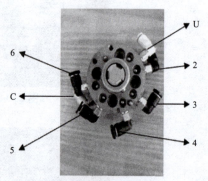

图2-39　法兰气路示意

法兰通过对应编号的气路连接来实现工具的快换及使用。法兰气路连接步骤见表2-8。

表2-8　法兰气路连接步骤

序号	步骤	示意图
1	快换工具及手爪的气路由尾部接入工业机器人，顶部与法兰连接，通过工业机器人的信号控制法兰的状态与动作	快换工具及手爪的气路　　工业机器人气路接口
2	工业机器人气路编号 Air1、Air2 分别连接法兰编号 U、C，用于快换工具的安装和卸载	法兰编号 U、C 气路接口

序号	步骤	示意图
3	工业机器人气路编号 Air3、Air4 分别连接法兰编号 3、4，用于夹爪的开合	 法兰编号 3、4 气路接口
4	电磁阀大吸盘分别连接法兰编号 2、5	
5	电磁阀小吸盘连接法兰编号 6	

二、调试

气路安装完成后，需要对气路进行测试，通过改变工业机器人信号（工业机器人与电磁阀对应的快换信号，可自行更改以便用户使用）并观察法兰和快换工具的状态，确认是否符合需求，具体步骤如下。

（1）对快换工具的安装进行测试，默认信号 HandChange_Start 置 1 时快换工具为安装状态，置 0 时快换工具为卸载状态。

（2）对快换工具手爪进行测试，默认信号 Grip 置 1 时手爪闭合，置 0 时手爪张开。

（3）对大、小吸盘进行测试，测试方法参照步骤（1），默认信号 Vacunm_1 置 1 时大吸盘真空抽取，置 0 时大吸盘停止抽取，默认信号 Vacunm_2 置 1 时小吸盘真空抽取，置 0 时停止抽取。

三、添加法兰气路的信号

添加与快换工具气路相关的工业机器人 I/O，见表 2-9。

表 2-9　工业机器人 I/O

I/O 板地址	信号名称（DO）	功能描述
3	BVAC_1	破真空（单）
4	Grip	码垛手爪
7	HandChange_Start	快换工具
8	Vacunm_1	真空（双）
9	Vacunm_2	真空（单）

（一）快换工具信号

快换工具输出信号的相关参数见表2-10。

表 2-10　快换工具输出信号的相关参数

参数名称	设定值	说明
Name	HandChange_Start	设定数字输出信号的名称
Type of Signal	Digital Output	设定信号的种类
Assigned to Device	d652	设定信号所在的 I/O 模块
Device Mapping	7	设定信号所占用的地址

快换工具的工业机器人输出信号的定义步骤如下。

（1）选择"控制面板"选项（图2-40）。

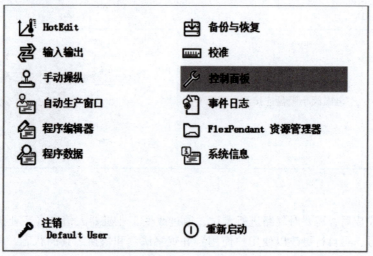

图 2-40　步骤（1）

（2）选择"配置"选项（图2-41）。

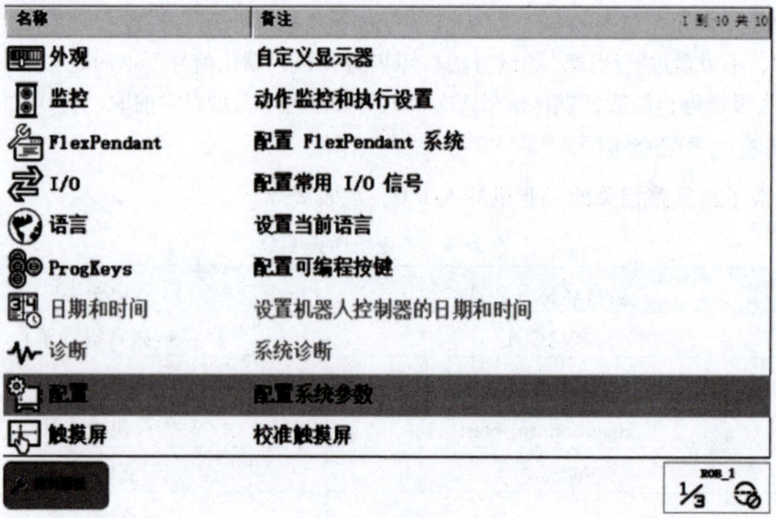

图 2-41　步骤（2）

（3）双击"Signal"选项（图2-42）。

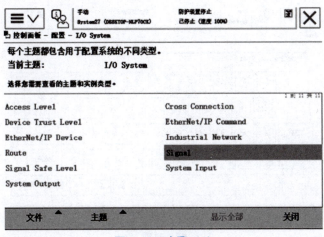

图 2-42　步骤（3）

（4）单击"添加"按钮（图2-43）。

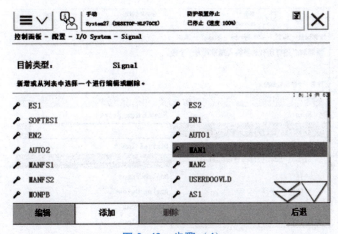

图 2-43　步骤（4）

（5）双击"Name"选项（图2-44）。

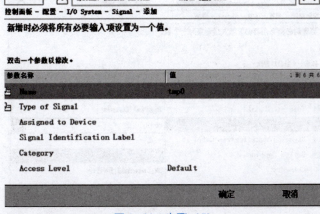

图 2-44　步骤（5）

（6）输入"HandChange_Start"，然后单击"确定"按钮（图2-45）。

图2-45　步骤（6）

（7）双击"Type of Signal"选项，选择"Digital Output"选项（图2-46）。

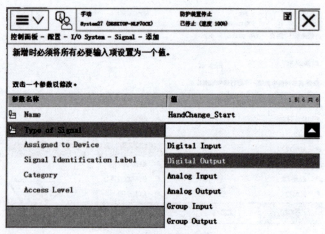

图2-46　步骤（7）

（8）双击"Assigned to Device"选项，选择"d652"选项（图2-47）。

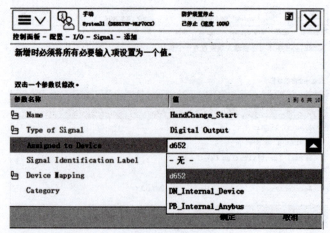

图2-47　步骤（8）

（9）双击"Device Mapping"选项（图2-48）。

图2-48 步骤（9）

（10）输入"7"，然后单击"确定"按钮（图2-49）。

图2-49 步骤（10）

（11）单击"是"按钮，重启控制器以完成设置（图2-50）。

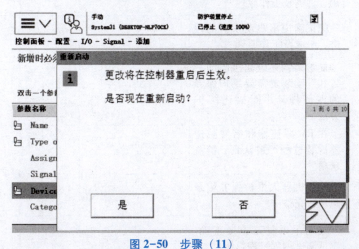

图2-50 步骤（11）

（二）正确抓取和放下涂胶工具

注：其他法兰气路信号添加方法与该信号的添加方法类似。代码如图 2-51 所示。

```
PROC GET_GUN1()

    MoveJ Home,v500,fine,tool0;//回原点

    Set HandChange_Start;//置位快换信号

    MoveL Offs(Area_17_1_Tool_2,0,0,30),v500,fine,tool0;//移动至工具上方

    MoveL Area_17_1_Tool_2,v50,fine,tool0;//移动至工具抓去处

    WaitTime 1;//等待 1s

    Reset HandChange_Start;//复位快换信号

    WaitTime 1; //等待 1s

    MoveL Offs(Area_17_1_Tool_2,0,0,50),v100,fine,tool0;

    MoveL Offs(Area_17_1_Tool_2,0,0,150),v500,fine,tool0;

    MoveJ Home,v500,fine,tool0;

ENDPROC
```

图 2-51　代码

项目评价表

各组展示任务完成情况，包括介绍计划的制定、任务的分工、工具的选择、任务完成过程视频、运行结果视频，整理技术文档并提交汇报材料，进行小组自评、组间互评、教师评价，完成项目评价表（表 2-11）。

表 2-11　项目评价表

序号	评价项目	评价内容	分值	自评（35%）	互评（35%）	师评（30%）	合计
1	理论知识理解	能正确阐述传动机构的作用、种类及工作原理	5				
		能正确说出驱动系统的种类、组成及工作原理	5				
		能正确叙述电动机驱动装置和气动装置需要维护保养的零部件，并能描述维护方法	5				
2	实际操作技能	在 RV 减速器和谐波减速器拆装过程严肃认真、精益求精	5				
		工业机器人维护保养记录单填写完整	5				
		气动手爪气路连接正确，手爪调试编程过程熟练	5				

序号	评价项目	评价内容	分值	自评（35%）	互评（35%）	师评（30%）	合计
3	专业能力	计划合理，分工明确	10				
		爱岗敬业，具有安全意识、责任意识、服从意识	10				
		能进行团队合作、交流沟通、互相协作，能倾听他人的意见	10				
		遵守行业规范、现场"6S"标准	10				
		主动性强，保质保量完成被分配的相关任务	10				
		能独立思考，采取多样化手段收集信息，解决问题	10				
4	创新意识	积极尝试新的想法和做法，在团队中起到积极的推动作用	10				

练习与思考

一、填空题

1. 气动驱动系统主要用于驱动各种不同工作目的的机械装置。其最重要的三个控制内容是力的_____、_____和_____。

2. 气动元件是指通过_____的压强或膨胀产生的力来做功的元件，即将_____的弹性能量转换为动能的元件，如气缸、气动马达、蒸汽机等。气动元件也是能量转换装置，利用_____压力来传递能量。

二、判断题

1. 气缸的装配不符合要求，会导致气缸活塞或活塞杆出现爬行现象。（   ）
2. 气动驱动系统的执行元件包括气缸、气爪、真空吸盘。（   ）
3. 压力控制阀用于控制气动驱动系统输出力的大小。（   ）
4. 典型气动驱动系统通常由以下部分组成：气罐、后冷却器、主路过滤器、干燥器、气动三联件、控制阀、调速阀、执行元件。（   ）

三、简答题

1. 典型气动驱动系统通常由哪几部分组成？
2. 气动驱动系统常见故障与排除方法是什么？

项目三 工业机器人电气控制系统的操作与维护

 项目引入

电气控制系统的维护维修是保障工业机器人稳定工作的关键，也是提高工业机器人工作质量和工作效率的重点。本项目以小组为单位，对工业机器人电气控制系统进行日常维护和定期检查，确保工业机器人电气控制系统正常运行。

学习目标

【知识目标】
(1) 能阐述工业机器人电缆的作用及种类。
(2) 能正确描述主要控制元件在电气控制系统中的作用。
(3) 能正确阐述示教器的使用与维护方法。
(4) 能正确阐述控制柜的使用与维护方法。

【技能目标】
(1) 能进行工业机器人本体、控制柜和示教器电缆的连接。
(2) 能利用万用表对工业机器人电气控制系统的主要控制元件的检查与诊断。
(3) 能对工业机器人电气控制系统进行日常维护。

【素养目标】
(1) 培养学生的质量意识，安全意识，责任意识，一丝不苟、精益求精的大国工匠精神。
(2) 通过小组合作，培养学生的合作精神和良好的职业素养。

项目实施

任务1 工业机器人本体电缆维护及连接

任务描述

作为传递动力和控制能力的载体和重要部件，工业机器人电缆对于工业机器人而言尤为重要。工业机器人电缆类似人的中枢神经系统，任何环节出现问题，整个系统就无法正常运作。通过学习工业机器人电缆的基础知识，使学生掌握工业机器人本体电缆的日常维护，并能连接和拆卸工业机器人本体电缆。

知识链接

工业机器人的系统组成可以简单地理解为三大件，如图3-1所示：工业机器人本体、控制柜（包含主计算机控制模块、轴计算机板、轴伺服驱动装置、连接伺服轴编码器的 SMB 测量板、I/O 板等）、示教器（手持式操作员装置）。工业机器人电缆就是连接工业机器人本体、控制柜及示教器的电缆。

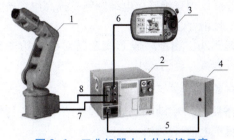

图 3-1　工业机器人本体连接示意
1—工业机器人本体；2—控制柜；3—示教器；4—配电箱；
5—电源电缆；6—示教器电缆；7—编码器电缆；8—动力电缆

一、信号电缆维护

信号电缆是一种信号传输工具。信号电缆主要有伺服电缆和总线电缆。一般信号电缆传输的信号很小，为了避免信号受到干扰，信号电缆外面有一层屏蔽层，包裹导体的屏蔽层，一般为导电布、编织铜网或铜（铝）箔。屏蔽层需要接地，外来的干扰信号可被该层导入大地，避免干扰信号进入内层导体，同时减小传输信号的损耗。图 3-2 所示为信号电缆实物。

图 3-2　信号电缆实物

（一）信号电缆的作用

信号电缆主要用于传送数据信号。在工业机器人中用于信息传输系统的电缆主要有伺服电缆和总线电缆。

伺服电缆是伺服系统专用电缆、新型环保系列产品。伺服电缆具有高柔性、耐磨、耐折、耐油、耐弯曲、抗拉、抗扭、抗干扰、抗老化等一系列独有的特性，这使其作为连接与控制伺服系统的伺服专用电缆与伺服电动机完美结合，大大地提高了伺服电动机（控制电动机、执行电动机）的工作效率。

（二）信号电缆的特点

（1）抗高频热损。优质高纯度的铜材，确保高频热损最小、传导效果最佳。

（2）高频响应特性。优质极细软铜线多股绞合，确保高频信号径向损耗最小、表面传输比最高，从而获得极佳的高频响应特性。

（3）抗串音特性。每一对信号回路芯线双双对绞，对绞节距设置合理并相互错开，确保串音干扰最小。

（4）抗干扰特性。高遮密度的网状铜线覆包电缆的屏蔽结构，高导通率、高响应率的屏蔽镀锡铜线通过最大的吸收与最快的传导来遮蔽、过滤干扰，确保传输信号的干扰最小。

（5）高柔性、防水、防腐蚀、耐油、耐磨、耐弯曲、耐候、寿命长。细而柔软多股的铜线不易折断或刺破外护套，多股纤维填充绳确保电缆圆整，提高电缆抗拉伸、抗摇摆的性能，优质的外护套材质确保电缆特有的性能。

（6）长距离的衰减小、延迟小。超细多股芯线及其对绞的构造形成极佳的高频响应特性，极小的高频响应热损保证信号衰减、延迟最小。

（三）工业机器人伺服电缆的维护

伺服电缆是在设备单元需要来回移动的场合或固定安装设备的场合使用的数据传输电缆，在工业机器人中主要用于伺服机电信号传输。

伺服电缆在长时间使用后会出现老化的现象，此时可能发生漏电等现象，一旦发现伺服电缆老化，就要及时更换，否则可能发生危险。

伺服电缆与动力电缆位置相近，常一起进行维护，拆卸时应注意顺序和接口方向，以方便安装。

伺服电缆维护的具体操作步骤如下。

（1）旋松螺母，拔出伺服电缆，注意不要大幅度左右摇动接口，以免损坏伺服电缆中的引脚。

（2）检查伺服电缆插座部位，清除灰尘，检查伺服电缆整体有无老化、破损情况，确认伺服电缆可以正常使用，否则更换伺服电缆。

（3）按照引脚按顺序和配合标记进行连接，连接时插头插入插座位置后，旋紧螺母。

二、示教器电缆维护

示教器电缆是一种线束，其实物如图3-3所示。示教器电缆将示教器的供电电源、示教器与IPC单元的通信、示教器与PLC单元的通信集成在一起，外部有屏蔽层，与控制柜可靠接地。示教器电缆用于连接示教器和控制柜，操作者通过示教器发布控制指令，工业机器人的运行情况通过示教器显示。

图3-3　示教器电缆实物

（一）示教器电缆的作用

示教器电缆主要由供电电源电缆、示教器与IPC单元的通信电缆、示教器与PLC单元的通信电缆复合组成，结构紧凑，强度较高，抗扭能力强，比较适用于有一定移动范围的电气连接。

示教器电缆中的供电电源电缆给示教器提供电源；示教器与IPC单元的通信电缆、示教器与PLC单元的通信电缆主要连接示教器和控制柜内部的主CPU印制电路板，将示教器输入的命令信号输送到控制柜，通过控制柜控制工业机器人的运动。

（二）示教器电缆的特点

示教器电缆采用细线绞合导体，外部有屏蔽层，如图3-4所示。这种特殊的结构设计加强了其耐磨、耐弯曲性；特种抗拉加强层大大延长了使用寿命，提高了抗拉性；对内部细绞线起到良好的保护作用，抗干扰能力强；电缆护套耐腐蚀、抗老化能力强。

图3-4　屏蔽层

（三）示教器电缆的维护

（1）旋松螺母，从控制柜上拔出示教器电缆，如图3-5所示。注意不要大幅晃动接头部分，以免损坏引脚。示教器电缆接头如图3-6所示。

图3-5　控制柜上的示教器电缆

（2）检查示教器电缆接口部位，查看各引脚有无损坏，清除灰尘。检查示教器电缆整体有无老化、破损情况，确认示教器电缆可以正常使用，否则更换示教器电缆。

（3）确认引脚编号及配合标记，一一对应进行连接，连接时插头插入插座后，旋紧螺母进行固定。

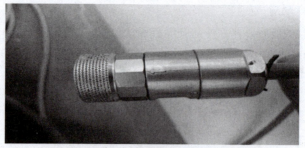

图 3-6　示教器电缆接头

三、动力电缆维护

　　动力电缆又叫作伺服动力线，应用于伺服系统控制连接线。作为连接伺服系统与伺服电动机的电缆，动力电缆将伺服电动机的电源线和抱闸线集成在一起，外部有屏蔽层，与控制柜可靠接地。动力电缆用于连接控制柜和工业机器人本体伺服电动机，提供伺服电动机电源线和伺服电动机抱闸线。工业机器人本体与控制柜连接示意如图 3-7 所示。工业机器人本体与控制柜供电电缆接头如图 3-8 所示。

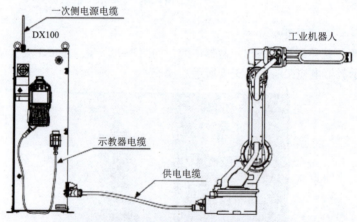

图 3-7　工业机器人本体与控制柜连接示意

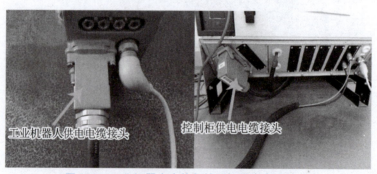

图 3-8　工业机器人本体与控制柜供电电缆接头

（一）动力电缆的作用

　　动力电缆将伺服电动机的 4 根电源线外包屏蔽层和 2 根抱闸线外包屏蔽层集成在一起，外部有屏蔽层。动力电缆实物如图3-9所示。

图3-9 动力电缆实物

动力电缆结构紧凑、强度较高、抗扭能力强。动力电缆中的电源线是从控制柜中的伺服驱动器提供给伺服电动机的电源线，抱闸线是通过伺服驱动器提供给伺服电动机抱闸的信号线，用于驱动伺服电动机运行和可靠停止。

（二）动力电缆的特点

动力电缆采用绞合导线，外罩屏蔽层和绝缘护套的结构，用于重要的驱动系统。动力电缆有固定安装类型和偶尔移动安装类型，采用柔性设计，具有耐磨、耐折、耐弯曲、抗拉、抗扭、抗紫外线、抗干扰、耐油等一系列特有的特性。

（三）动力电缆的维护

（1）旋下四角的紧固螺钉，拔出动力电缆。如果较紧，则不要大幅晃动，以免损坏动力电缆内部的引脚。

（2）检查动力电缆插座部位，清除灰尘，检查动力电缆整体有无老化、破损情况，确认动力电缆可以正常使用，否则更换动力电缆。

（3）确认方向正确后，进行连接，连接时插头插入插座位置后，上紧四角的紧固螺钉。图3-10所示为动力电缆连接插座与插头。

 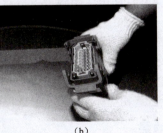

（a）   （b）

图3-10 动力电缆连接插座与插头

（a）控制柜上的动力电缆插座；（b）动力电缆插头

四、工业机器人本体与控制柜的连接

工业机器人系统由工业机器人本体和控制柜组成，工业机器人本体就是机械结构部分，控制柜是控制工业机器人本体的电气装置，工业机器人本体和控制柜的连接其实就是动力电缆和信号电缆的连接，连接时需要注意接地线的连接。工业机器人本体与控制柜的连接示意如图 3-11 所示。

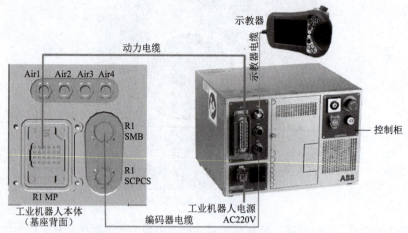

图 3-11 工业机器人本体与控制柜的连接示意

1. 完成工业机器人动力电缆、SMB 电缆、示教器电缆的连接

（1）有 3 条必须连接的电缆，分别是动力电缆、SMB 电缆、示教器电缆。在正式调试合格出厂的工业机器人中，这 3 条电缆已经集成制作完毕。

（2）将动力电缆的一端插头插入控制柜上已经明确标注的插孔，确保可靠连接。插头与插孔做到一一对应。

（3）将动力电缆的另一端插头插入工业机器人本体基座上已经明确标注的插孔，确保可靠连接。插头插孔做到一一对应。

（4）将 SMB 电缆的一端插头插入控制柜上已经明确标注的插孔，确保可靠连接。插头与插孔做到一一对应。

（5）将 SMB 电缆的另一端插头插入工业机器人本体基座上已经明确标注的插孔，确保可靠连接。插头与插孔做到一一对应。

（6）将示教器电缆的插头插入控制柜上已经明确标注的插孔，确保可靠连接。

2. 制作一条从厂房电源柜到工业机器人控制柜的电源电缆

（1）准备一根按照工业机器人操作手册确定的电缆。

（2）将电缆根据工业机器人操作手册的定义进行接线。一定要将电缆裸露线头进行可靠挂锡后，插入接线座用螺丝刀压紧，以确保可靠连接。

（3）检查电源电缆制作正常后，将电缆的一端接入厂房电源控柜，将另一端插头插入工业机器人控制柜上已经明确标注的插孔，确保可靠连接。

3. 安置示教器

将示教器支架根据现场情况安装到合适的位置，前后将示教器稳妥地放置到示教器支架中。

4. 通电试运行

确认所有电缆都已经连接正确后，打开电源，通电试运行。

任务实施

一、拆卸工业机器人本体电缆束

拆卸工业机器人本体电缆束时必须按照以下顺序进行：先拆卸腕部中的电缆束、上臂壳中的电缆束，然后拆卸下臂壳中的电缆束，最后拆卸基座中的电缆束。电缆束的位置如图3-12所示。

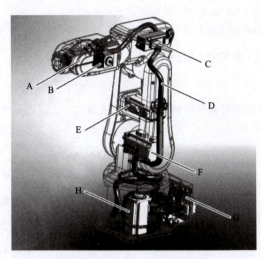

图3-12　电缆束的位置

A—电动机轴6；B—电动机轴5；C—电动机轴4；D—电缆束；
E—电动机轴3；F—电动机轴2；G—平板（电缆束的一部分）；H—电动机轴1

需要准备的工具和材料如下：内六角螺钉（2.5~17mm）、转矩扳手（0.5~10N·m）、小螺丝起子、塑料槌、转矩扳手1/2的棘轮头、插座头、插座、小剪钳、带球头的T形手柄、法兰密封胶、电缆润滑脂、食品级润滑油等。

（一）拆卸腕部中的电缆束

拆卸腕部中的电缆束的步骤见表3-1。

表3-1　拆卸腕部中的电缆束的步骤

序号	操作步骤	示意图
1	将轴1微动至90°位置	
2	拧下将摆动壳固定在基座上的两颗制动螺钉（当轴1处在0°位置时无法触及）	

项目三　工业机器人电气控制系统的操作与维护　■　93

序号	操作步骤	示意图
3	微动控制： （1）轴 1 至 0°位置； （2）轴 2 至-50°位置； （3）轴 3 至+50°位置； （4）轴 4 至 0°位置； （5）轴 5 至+90°位置； （6）轴 6 的位置不重要	
4	▲关闭工业机器人的所有电力、液压和气压供给	
5	⚠务必用小刀削除涂料，并在拆卸零件时打磨涂料边缘	
6	拆卸两侧的腕部侧盖	 部件： • 制动螺钉（4颗） • 腕部侧盖
7	拧下轴 5 上固定夹具的连接螺钉	 部件： • A：连接螺钉 • B：夹具
8	拆卸轴 5 上的连接器支座	 部件： • A：连接螺钉（2颗） • B：连接器支座
9	拆卸连接器盖	 部件： • A：连接螺钉 • B：连接器盖 • C：轴5应处在90°位置

学习笔记

序号	操作步骤	示意图
10	拧下轴 6 上固定夹具的连接螺钉	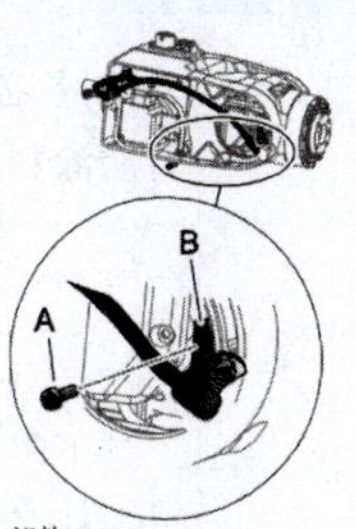 部件： • A：连接螺钉 • B：夹具
11	轻轻地将轴 5 和轴 6 上的电缆拔出腕部壳	
12	拆卸腕部壳（塑料）。 ⚠ 务必用小刀削除涂料，并在拆卸零件时打磨涂料边缘	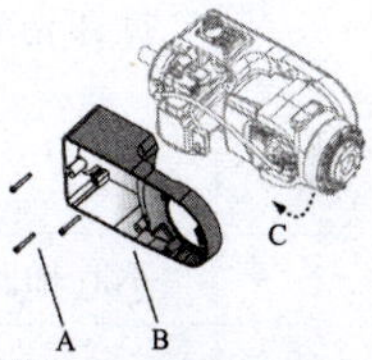 部件： • A：连接螺钉（3颗） • B：腕部壳（塑料） • C：轴5应处在90°位置
13	拧松固定轴 5 的连接螺钉	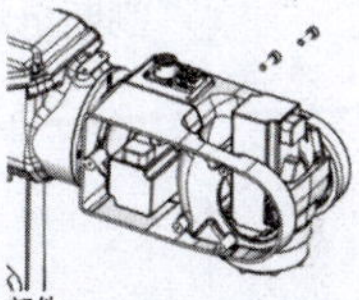 部件： • 连接螺钉和垫圈
14	倾斜轴 5，以便能够拆卸同步带	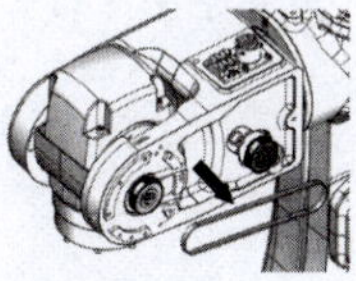
15	小心地拆卸轴 5	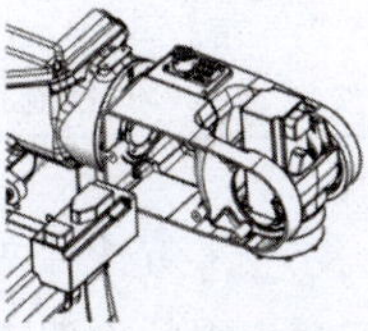
16	断开通气软管	

（二）拆卸上臂壳中的电缆束

拆卸上臂壳中的电缆束的步骤见表3-2。

表 3-2　拆卸上臂壳中的电缆束的步骤

序号	操作步骤	示意图
1	⚠️务必用小刀削除涂料，并在拆卸零件时打磨涂料边缘	
2	拧下将电缆束固定在支架上的两颗连接螺钉，让支架仍固定在壳中	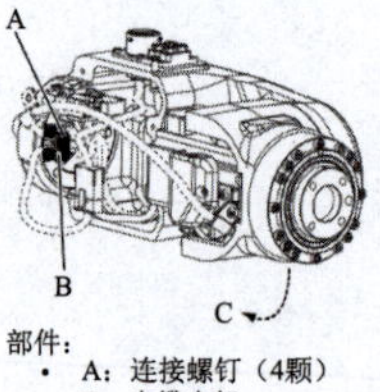 部件： • A：连接螺钉（4颗） • B：电缆支架 • C：轴5应处在90°位置
3	拆卸壳盖	 部件： • 壳盖 • 制动螺钉（8颗）
4	小心地将电缆线束拔出腕部壳，拖到轴 4 上	
5	割断电缆支架 A 处的电缆线扎	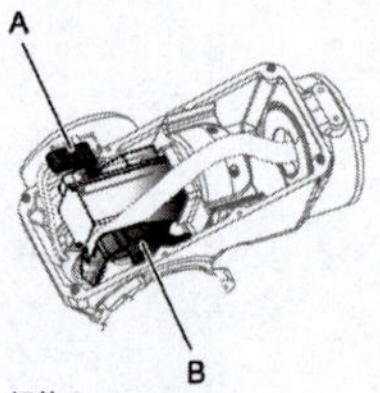 部件： • A：电缆支架 • B：电缆支架
6	割断电缆支架 B 处的电缆线扎	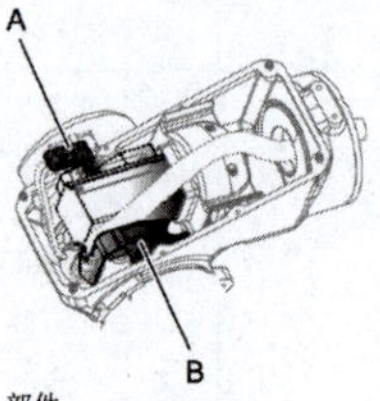 部件： • A：电缆支架 • B：电缆支架
7	小心地将电缆束拔出上臂壳	

（三）拆卸下臂壳中的电缆束

拆卸下臂壳中的电缆束的步骤见表 3-3。

表 3-3　拆卸下臂壳中的电缆束的步骤

序号	操作步骤	示意图
1	⚠️务必用小刀削除涂料，并在拆卸零件时打磨涂料边缘	

续表

学习笔记

序号	操作步骤	示意图
2	拆卸下臂盖	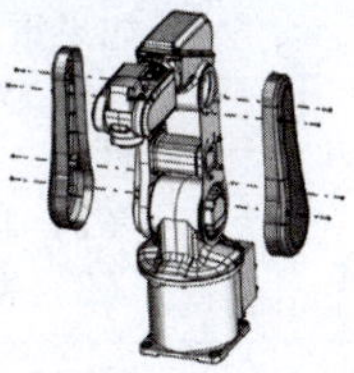
3	割断轴 3 的电缆线扎	
4	将电缆束拔出上臂壳，拖到轴 3 上	
5	从下臂平板分离电缆支架	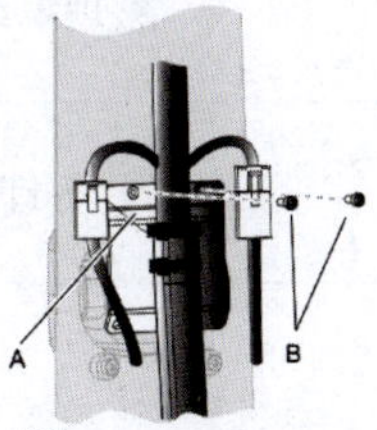 部件： • A：电缆支架 • B：连接螺钉（2颗）
6	拧下摆动壳与基座之间剩余的 6 颗制动螺钉	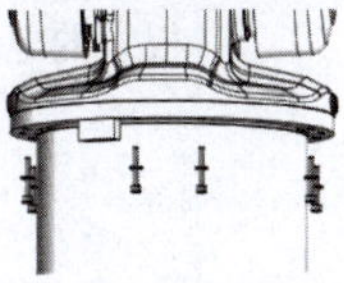
7	小心地抬升工业机器人，将它放在靠近基座的位置。 (!)请勿拉伸电缆束	
8	割断轴 2 的电缆线扎	
9	拆卸电缆导向装置	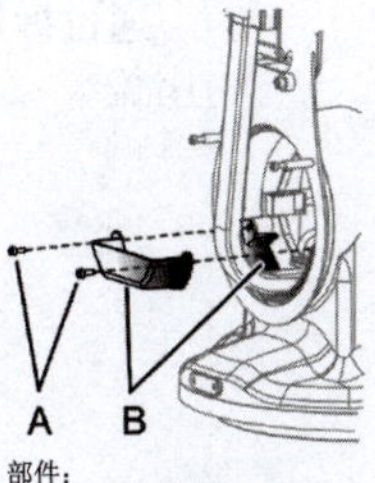 部件： • A：连接螺钉（2颗） • B：电缆导向装置

（四）拆卸基座中的电缆束

拆卸基座中的电缆束的步骤见表 3-4。

表 3-4　拆卸基座中的电缆束的步骤

序号	操作步骤	示意图
1	(!)务必用小刀削除涂料，并在拆卸零件时打磨涂料边缘	

学习笔记

序号	操作步骤	示意图
2	如果重复使用电缆束，则采取以下措施： （1）对电缆束上安装的支架（自腕部）拍照； （2）将电缆线扎放在靠近支架的位置； （3）割断旧电缆线扎	
3	拆卸电缆束上的支架（自腕部）	
4	拆卸支架后拧紧螺钉	
5	整理电缆束，小心地将它拉入轴 2	
6	💡拆卸前对摆动壳中的电缆束位置拍照	
7	割断轴 1 的电缆束和通气软管固定在摆动平板上的电缆线扎	 部件： • A：摆动平板 • B：电缆支架 • C：连接螺钉（2颗） • D：电缆线扎（4件）
8	通过拆卸连接螺钉从工业机器人上拆卸基座盖	 • A：基座盖 • B：平板 • C：编码器接口电路板（EIB电路板） • D：支架 • E：电池组 • F：电缆线扎
9	断开电池电缆	
10	拧下固定带电池组的支架的制动螺钉	请勿将电池组从支架中拆卸
11	拧下固定电路板的制动螺钉	
12	拆卸 EIB 电路板。 ⚠将 EIB 电路板放在 ESD 防护袋中	
13	割断电缆线扎	

序号	操作步骤	示意图
14	拧下将电缆束固定到电缆支架的连接螺钉	 部件： ・A：摆动平板 ・B：电缆支架 ・C：连接螺钉（2颗） ・D：电缆线扎（4件）
15	⚠️电缆束和软管是容易损坏的设备。处理电缆束时应小心谨慎	
16	小心地推拉整个电缆束经过轴1	

二、安装工业机器人本体电缆束

安装工业机器人本体电缆束时必须按照以下顺序进行：先安装基座中的电缆束，然后安装下臂壳中的电缆束、上臂壳中的电缆束，最后安装腕部中的电缆束。

需要准备的工具和材料如下：内六角螺钉（2.5~17mm）、转矩扳手（0.5~10N·m）、小螺丝起子、塑料槌、转矩扳手1/2的棘轮头、插座头、插座、小剪钳、带球头的T形手柄、法兰密封胶、电缆润滑脂、食品级润滑油等。

需要注意的是，在存在磨损的电缆束以及工业机器人的塑料部件上涂一些电缆润滑脂。

（一）安装基座中的电缆束

安装基座中的电缆束的步骤见表3-5。

表3-5　安装基座中的电缆束的步骤

序号	操作步骤	示意图
1	清洁已打开的关节	
2	检查电缆束及其部件是否清洁且无损坏	
3	将支架从电缆束上拆卸并标记位置。 ・对电缆束上安装的支架拍照； ・将电缆线扎放在靠近支架的位置； ・割断旧电缆线扎	 再次装配支架时，照片很有帮助。
4	在摆动板上安装EIB电路板	
5	小心地拉动电缆束穿过摆动板。 ⚠️电缆束和软管是容易损坏的设备。处理电缆束时应小心谨慎	

序号	操作步骤	示意图
6	将电缆束上的电缆放在机架的右侧，将通气软管放在机架的左侧	A B
7	用连接螺钉将电缆束固定到电缆支架上	拧紧转矩：1N·m C D B A 部件： • A：摆动平板 • B：电缆支架 • C：连接螺钉（2颗） • D：电缆线扎（4件）
8	小心地推拉电缆束，将其从机架中取出。 (!)电缆束和软管是容易损坏的设备。处理电缆束时应小心谨慎	
9	在电缆束（包括通气软管）上涂敷一些电缆润滑脂	
10	将电缆束放在电缆支架内	
11	松开轴 1 旁边的电缆支架	
12	重新连接各连接器： （1）R2.MP1； （2）R2.ME1	
13	用电缆线扎将电动机电缆固定到电缆支架上	
14	固定电缆支架	紧固螺钉 M3×8（2颗）
15	重新安装 PE 电缆	
16	重新安装 EIB 电路板	
17	使用 ESD 防护设备	紧固螺钉 M3×8（4颗）
18	连接电路板： （1）R1.ME4-6（J4）； （2）R1.ME1-3（J3）； （3）R2.EIB	

序号	操作步骤	示意图
19	连接电池电缆	
20	重新安装电池板	固定螺钉（4 颗）M3×8
21	重新安装 EIB 板。 ⚠电缆是容易损坏的设备。处理电缆时需小心谨慎	固定螺钉（4 颗）M3×8
22	重新安装底座盖	拧紧转矩：4N·m A B
23	密封已打开的关节为其上漆。 ℹ完成所有维修工作后，用蘸有酒精的无绒布擦掉机器人上的颗粒物。	

（二）安装下臂壳中的电缆束

安装下臂壳中的电缆束的步骤见表 3-6。

表 3-6　安装下臂壳中的电缆束的步骤

序号	操作步骤	示意图
1	清洁已打开的关节	
2	将电缆束放在摆动板上的支架中： （1）将电缆 R2. MP2 向后放； （2）将电缆 R2. ME2 向前放	
3	拧紧支架中的制动螺钉	制动螺钉 M3×8（2 颗）
4	用电缆线扎将通气软管固定在摆动板上	
5	用电缆线扎将电缆线束固定在摆动板上	
6	将电缆线扎放在电动机连接器上以便安装在轴 2 中	 xx1500000003
7	小心地推拉电缆束经过轴 2。 ⚠电缆是容易损坏的设备。处理电缆时应小心谨慎	
8	在将电缆束向外拉的同时，将下臂安装到摆动板上。 ⚠注意不要挤压电缆	
9	拧紧摆动板上的制动螺钉	制动螺钉 M3×8（2 颗）

序号	操作步骤	示意图
10	在轴2处拆除电动机连接器上的电缆线扎	
11	重新连接各连接器： （1）R2.MP3； （2）R2.ME3	
12	将连接器电缆放在电动机旁边，用电缆线扎将连接器固定在电动机周围	
13	安装电缆向导装置。 ⚠如果连接螺钉拧得太紧，则塑料会破裂	 拧紧转矩：1N·m 部件： • A：连接螺钉（2颗） • B：电缆导向装置
14	重新连接各连接器： （1）R2.ME3； （2）R2.MP3	
15	用电缆线扎将电动机电缆固定在电缆支架上	
16	将电缆支架安装到下臂板上	 拧紧转矩：1N·m 部件： • A：电缆支架 • B：接连螺钉（2颗）
17	拉动电缆束穿过上臂壳	
18	确认电缆束未扭曲	
19	密封已打开的关节并为其上漆。 ℹ完成所有工作后，用蘸有酒精的无绒布擦掉工业机器人上的颗粒物	

（三）安装上臂壳中的电缆束

安装上臂壳中的电缆束的步骤见表3-7。

表3-7 安装上臂壳中的电缆束的步骤

序号	操作步骤	示意图
1	清洁已打开的关节	

序号	操作步骤	示意图
2	重新连接各连接器： （1）R2. MP4； （2）R2. ME4	
3	用电缆线扎固定电动机电缆	
4	用电缆线扎将电缆束固定在电缆支架上。调整电缆束的长度，让电动机电缆能够延伸到其连接器	拧紧转矩：1N·m A B 部件： · A：电缆支架 · B：电缆支架
5	将电缆束推入腕部壳	
6	用其连接螺钉将电缆支架重新安装到腕部壳中	拧紧转矩：1N·m A B C 部件： · A：连接螺钉（2颗） · B：电缆支架
7	密封已打开的关节并为其上漆。 🛈完成所有工作后，用蘸有酒精的无绒布擦掉工业机器人上的颗粒物	

（四）安装腕部中的电缆束

安装腕部中的电缆束的步骤见表 3-8。

表 3-8　安装腕部中的电缆束的步骤

序号	操作步骤	示意图
1	清洁已打开的关节	
2	重新连接通气软管。将它们弄平以腾出电动机的空间	
3	重新连接客户触点 R2. CS	
4	将电动机放在轴 5 中	
5	重新安装同步带	
6	适度固定电动机，以便仍然能够移动电动机	紧固螺钉 M5×16（2颗）和垫片
7	将同步带拉紧到 7.6~8.4N·m	💡 使用张力计获得正确的转矩
8	拧紧电动机制动螺钉	拧紧转矩为 5.5N·m

序号	操作步骤	示意图
9	重新安装腕部壳（塑料）	拧紧转矩：2N·m 部件： • A：制动螺钉 M3×25（3颗） • B：腕部壳（塑料） • C：轴5应处在90°位置
10	重新连接各连接器： （1）R2. MP5； （2）R2. ME5	
11	将电缆放在电动机周围	
12	重新安装连接器支座（塑料）	拧紧转矩：1N·m 部件： • A：制动螺钉M3×8（2颗） • B：连接器支座（塑料）
13	用连接器支座将电缆固定到轴6	
14	用电缆线扎固定电缆束	 部件： • A：电缆线扎
15	在轴5重新安装固定夹具的连接螺钉。 ⚠确保电缆松弛地从圆形边缘通到轴6	拧紧转矩：1N·m 部件： • A：连接螺钉 • B：夹具
16	重新连接各连接器： （1）R2. MP6； （2）R2. ME6	

学习笔记

序号	操作步骤	示意图
17	在轴6重新安装固定夹具的连接螺钉	拧紧转矩：1N·m 部件： • A：连接螺钉 • B：夹具
18	重新安装连接器盖	拧紧转矩：1N·m 部件： • A：制动螺钉M3×8（1颗） • B：连接器盖 • C：轴5应处在90°位置
19	在腕部中的电缆束上涂敷电缆润滑脂	
20	清洁所有弄脏的盖	
21	在盖内侧涂敷电缆润滑脂	
22	重新安装腕部侧盖	拧紧转矩为 1N·m。 制动螺钉 M3×8（3颗）
23	重新安装倾斜盖	拧紧转矩：1N·m 部件： • A：制动螺钉M3×8（4颗） • B：倾斜盖 • C：轴6
24	在轴4中的套筒上涂敷电缆润滑脂	
25	在轴4处重新安装壳盖： （1）壳盖； （2）下臂盖	拧紧转矩为 1N·m 制动螺钉 M3×8（8颗）

序号	操作步骤	示意图
26	在下臂中的电缆束和套筒上涂敷电缆润滑脂	
27	在轴 4 处重新安装下臂盖	拧紧转矩为 1N·m 制动螺钉 M3×8（4 颗）
28	将工业机器人连接到电源。 ⚠确保在执行首次试运行时满足所有安全要求	
29	在轴 1 中将工业机器人微动到 90°位置	
30	拧紧摆动板/基座处剩余的 2 颗螺钉	
31	密封已打开的关节并为其上漆。 ℹ完成所有工作后，用蘸有酒精的无绒布擦掉工业机器人上的颗粒物	
32	重新校准工业机器人	
33	⚠确保在执行首次试运行时满足所有安全要求	

练习与思考

一、填空题

1. 信号电缆是一种信号传输工具。信号电缆主要有_____电缆和_____电缆。

2. 伺服电缆在长时间使用后会出现老化的现象，此时可能发生_____等现象，一旦发现伺服电缆老化，则要及时更换，否则可能发生危险。

3. 示教器电缆是一种线束，它将示教器的供电电源、示教器与 IPC 单元的通信、示教器与 PLC 单元的通信集成在一起，外部有屏蔽层，与_____可靠接地。

4. 动力电缆又叫作伺服动力线，应用于伺服系统控制连接线，作为连接伺服系统与伺服电动机，将伺服电动机的_____线和_____线集成在一起，外部有屏蔽层，与控制柜可靠接地。

二、选择题

1. （　　）电缆主要用于传送数据信号。

A. 电源　　　　　　　B. 伺服　　　　　　　C. 信号

2. 示教器电缆中的供电电源电缆给（　　）提供电源。

A. 伺服电动机　　　B. 示教器　　　　　　C. 工业机器人

3. 动力电缆中的电源线是从（　　）中的伺服驱动器提供给伺服电动机的电源线。

A. 控制柜　　　　　　B. 示教器　　　　　　C. 工业机器人腕部

三、判断题

1. 伺服电缆也适用于机床制造、汽车制造、成套设备安装工程、造纸、暖气和空调系统等场合。（　　）

2. 示教器电缆主要由供电电源电缆、示教器与伺服电动机电缆、示教器与 PLC 单元的通信线缆复合组成。（　　）

任务 2 常用电气元件的结构与维护

任务描述

　　作为工业机器人控制柜内部交流供电电路的重要部件，常用电气元件的使用与维护非常重要，其能够保障工业机器人持续、稳定、长时间工作。通过对常用电气元件的学习，学生能够掌握工业机器人控制柜内部交流供电电路常用电气元件的工作原理，能够对控制柜内的电气元件进行日常维护。在本任务实施中，完成交流接触器的拆装、接线和检测。

知识链接

　　工业机器人控制柜内部交流供电电路的常用电气元件主要有低压断路器、接触器、熔断器、变压器、航空插头、伺服驱动器等。低压断路器对工业机器人电气柜进行供电与保护，熔断器对工业机器人电气柜进行短路保护和过载保护；变压器对伺服驱动器供电；伺服驱动器接受控制指令驱动伺服电动机工作。

一、低压断路器的结构与维护

　　低压断路器通常称为自动开关或空气开关，具有控制电器和保护电器的复合功能，用于设备主电路及分支电路的通断控制。它在电路发生短路、过载或欠压等故障时能自动分断电路，也可用作不频繁地直接接通和断开电动机电路。

低压断路器的
结构与维护

　　低压断路器的种类繁多，按其用途和结构特点分为 DW 型框架式（或称万能式）断路器、DZ 型塑料外壳式（或称装置式）断路器、DS 型直流快速断路器和 DWX 型/DWZ 型限流式断路器等。

　　框架式断路器的规格、体积都比较大，主要用作配电线路的保护开关；塑料外壳式断路器相对较小，除用作配电线路的保护开关外，还可用于电动机、照明电路及电热电路的控制，因此机电设备主要使用塑料外壳式断路器。下面以塑料外壳式断路器为例，简要介绍其结构、工作原理、使用与选用方法。图 3-13 所示为塑料外壳式断路器实物。

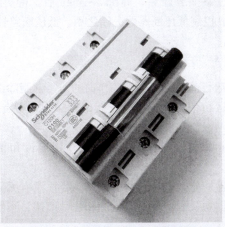

图 3-13　塑料外壳式断路器实物

（一）低压断路器的结构

低压断路器主要由三个基本部分组成，即触点、灭弧系统和各种脱扣器。脱扣器包括过流脱扣器、欠压脱扣器、热脱扣器、分励脱扣器和自由脱扣器。

（二）低压断路器的工作原理

低压断路器的合闸或分断操作是靠操作机构手动或电动进行的，合闸后自由脱扣器将触点锁在合闸位置上，使触点闭合。当电路发生故障时，自由脱扣器动作，以实现起保护作用的自动分断。图 3-14 所示为断路器工作原理示意。

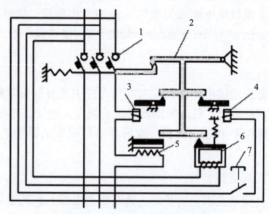

图 3-14　断路器工作原理示意
1—主触点；2—自由脱扣器；3—过流脱扣器；4—分励脱扣器；
5—热脱扣器；6—欠压脱扣器；7—停止按钮

过流脱扣器、欠压脱扣器和热脱扣器的实质都是电磁铁。在正常情况下，过流脱扣器的后铁是释放的，电路发生严重过载或短路故障时，与主电路串联的线圈将产生较强的吸力吸引衔铁，从而推动杠杆顶开锁钩，使主触点断开。欠压脱扣器的工作情况相反，在电压正常时，吸住衔铁才不影响主触点的闭合，在电压严重下降或断电时，吸力不足或消失，衔铁被释放而推动杠杆，使主触点断开。热脱扣器是在电路发生轻微过载时，过载电流不立即使自由脱扣器动作，但能使热元件产生一定的热量，促使双金属片受热向上弯曲变形。当持续过载时双金属片推动杠杆使搭钩与锁钩脱开，将主触点分开。

注意，低压断路器由于过载而分断后，等待 2~3min 后，待热脱扣器复位才能重新操作接通。分励脱扣器可作为远距离控制低压断路器分断之用。低压断路器因其脱扣器的组装不同，其保护方式、保护作用也不同。

（三）低压断路器的维护

（1）低压断路器在投入运行前，应将磁铁工作面的防锈油脂除净，以免影响工作的可靠性。

（2）低压断路器在投入运行前，应检查其安装是否牢固、所有螺钉是否拧紧、电路连接是否可靠、外壳有无尘垢。

（3）低压断路器在投入运行前，应检查脱扣器的整定电流和整定时间是否满足电路要求、出厂整定值是否改变。

（4）运行中的低压断路器应定期进行清扫和检修，要注意有无异常声响和气味。

（5）运行中的低压断路器触头表面不应有毛刺和烧蚀痕迹，当触头磨损到小于原厚度的 1/3 时，应更换新触头。

（6）运行中的低压断路器在分断短路电流或运行很长时间后，应清除灭弧室内壁和栅片上的金属颗粒。灭弧室不应有破损现象。

（7）带有双金属片的脱扣器因过载分断低压断路器后，不得立即"再扣"，应冷却几分钟使双金属片复位后才能"再扣"。

（8）运行中的传动机构应定期加润滑油。

（9）定期检修后应在不带电的情况下进行数次分合闸试验，以检查其可靠性。

（10）定期检查各脱扣器的电流整定值和延时，特别是半导体脱扣器，应定期用试验按钮检查其工作情况。

（11）运行中还应检查引线及导电部分有无过热现象。

（12）当控制电路发生断路、短路事故后，应立即对低压断路器触点进行清理，检查有无损坏，用软毛刷等清除金属熔粒粉尘等，特别要把散落在绝缘体上的金属粉尘清除干净。

（13）在正常情况下，应每6个月对低压断路器进行一次检修，清除灰尘。

只有做到认真维护，才能确保低压断路器的性能可靠和使用安全。

二、接触器的结构与维护

接触器是机电设备电气控制中的重要电气元件，可以频繁地接通或分断交、直流电路，并可实现远距离控制。其主要控制对象是电动机，也可用于其他负载。接触器不仅能实现远距离自动操作及欠压和失压保护功能，而且具有控制容量大、过载能力强、工作可靠、操作频率高、使用寿命长、设备简单经济等特点，因此它是电气控制线路中使用最广泛的电气元件。

接触器按其通断电流的种类可分为直流接触器和交流接触器；按其主触点的极数可分为单极、双极、三极、四极、五极等接触器，单极、双极接触器多为直流接触器。目前使用较多的是交流接触器。

交流接触器实物如图3-15所示。

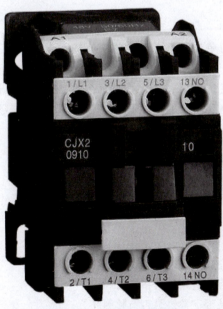

图 3-15　交流接触器实物

（一）交流接触器的结构

交流接触器主要由电磁机构、触点系统、灭弧装置和其他辅助部件组成。交流接触器的文字符号为KM。图3-16所示为交流接触器的结构。

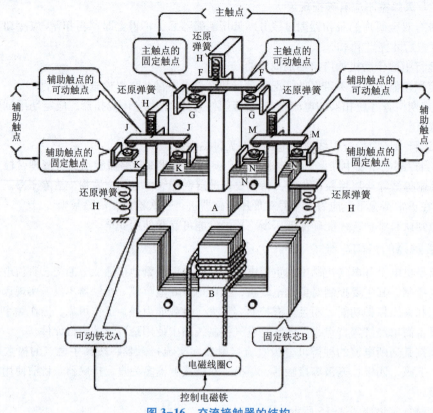

图 3-16　交流接触器的结构

（二）交流接触器的工作原理

交流接触器的工作原理简单地说就是电磁感应原理。当吸引线圈通电后，线圈电流在铁芯中产生磁通，该磁通对衔铁产生克服复位弹簧反力的电磁吸力，可动铁芯被吸合从而带动触点动作。触点动作时，常闭触点先断开，常开触点后闭合。当吸引线圈断电或线圈中的电压降低到某一数值时（无论是正常控制还是欠压、失压故障，一般降至线圈额定电压的 85%），铁芯中的磁通减小，电磁吸力减小，当减小到不足以克服复位弹簧的反力时，衔铁在复位弹簧的反力作用下复位，使主触点、辅助触点的常开触点断开，常闭触点恢复闭合，这就是交流接触器的欠压、失压保护功能。

（三）交流接触器的使用和维护

在一般情况下，交流接触器的维护分为运行时维护和不运行时维护，下面分别说明。

1. 运行时维护

（1）在正常使用时，要检查负载电流是否在正常范围内。

（2）观察相关指示灯是否和电路正常指示灯符合。

（3）观察在运行中声音是否正常，是否有接触不良造成的杂音。

（4）观察触点是否有烧损现象。

（5）观察周围环境是否对交流接触器不利，如潮湿、粉尘过多、振动过大等。

2. 不运行时维护

（1）在停止使用时，对交流接触器进行定期清扫，保持交流接触器干净。特别注意连接线是否牢靠、有无松动的地方、连线绝缘是否受损等。

（2）触头系统的维护。检查动、静触点是否接触可靠，中间弹簧是否正常，有无卡阻现象，触头是否松动，是否有烧损痕迹，按压触头是否灵活可靠接触。

（3）严格测量交流接触器的相间绝缘电阻，电阻值应不低于10MΩ。

（4）接触器线圈的维护。检查有无开焊、烧损等现象，线圈周边的绝缘是否变色等。

（5）铁芯的维护。可以在断电的情况下进行拆卸检查，一般检查铁芯在运行时是否有异常声音，因为铁芯松散或生锈也是交流接触器发出异响的原因之一。同时，观察短路环是否损坏，如有需要应及时更换。

交流接触器的有些故障是逐渐积累形成的，如果经常巡视，认真检查，发现问题并及时修理维护，就能避免更大的故障。在日常工作中重视问题，积极采取有效措施，便能大大减少交流接触器的故障，保障设备的安全正常运行。

三、熔断器的结构与维护

熔断器是低压电路和电动机控制电路中最常用的保护电器。它具有结构简单、使用方便、价格低廉、控制有效的特点。熔断器串联在电路中，当电路或用电设备发生短路或过载时，熔体能自行熔断，切断电路，阻止事故蔓延，因此能实现短路或过载保护。无论在强电系统中还是在弱电系统中，熔断器都得到广泛的应用。

（一）熔断器的结构

熔断器按结构可分为开启式、半封闭式和封闭式三种。封闭式熔断器又可分为有填料式、无填料管式及无填料螺旋式等。熔断器按用途可分为一般工业用熔断器、保护硅元件快速熔断器、具有两段保护特性的快慢动作熔断器、特殊用途熔断器（如直流牵引用熔断器、旋转励磁用熔断器及有限流作用并熔而不断的自复式熔断器等）。熔断器实物如图3-17所示。

图3-17　熔断器实物

（二）熔断器的工作原理

熔断器主要由熔体（俗称保险丝）和安装熔体的熔管（或熔座）组成。熔体一般由熔点较低、电阻率较高的合金或铅、锌、铜、银、锡等金属材料制成丝或片状。熔管是由瓷、玻璃纤维等绝缘材料制成的，在熔体熔断时兼有灭弧作用。熔体串联在电路中，当电路中的电流为正常值时，熔体由于温度低而不熔化。如果电路发生短路或过载，则电流大于熔体的正常发热电流，熔体温度急剧上升，超过熔体的熔点而使熔体熔断，分断故障电路，从而保护电路和设备。熔断器断开电路的物理过程可分为以下四个阶段：熔体升温阶段、熔体熔化阶段、熔体金属气化阶段及电弧产生与熄灭阶段。

（三）熔断器的维护

（1）运行中的熔断器应经常进行巡视检查，巡视检查的内容如下。

①负荷电流应与熔体的额定电流适应。

②有熔断信号指示器的熔断器应检查信号指示是否弹出。

③与熔断器连接的导体、连接点及熔断器本身有无过热现象，连接点接触是否良好。

④熔断器外观有无裂纹、脏污及放电现象。

⑤熔断器内部有无放电声。

在检查中，若出现异常现象，应及时修复，以保证熔断器的安全运行。

（2）更换熔体时的安全注意事项。

①熔体熔断后，首先应查明熔体熔断的原因。

②熔体熔断的原因是过载还是短路，可根据熔体熔断的情况进行判断。熔体在过载情况下熔断时，响声不大，仅在一两处熔断，变截面熔体只有小截面熔断，熔管内没有烧焦的现象；熔体在短路情况下熔断时响声很大，熔断部位大，熔管内有烧焦的现象。根据熔断的原因找出故障点并予以排除。

③更换的熔体规格应与负荷的性质及电路的电流适应。

④更换熔体时，必须停电，以防触电。

四、变压器的结构与维护

变压器是利用电磁感应原理进行能量传输的一种电气设备。它能在保证输出功率不变的情况下，把一种幅值的交流电压变为另外一种幅值的交流电压。变压器应用在电源系统中，常用来改变电压，以利于电信号的使用、传输与分配；在通信电路中，它常用来进行阻抗匹配及隔离交流信号；在电力系统中，它常用来进行电能传输与电能分配。

（一）变压器的结构

不同型号的变压器，尽管它们的具体结构、外形、体积和质量有很大差异，但它们的基本结构都是相同的，主要由铁芯和线圈组成。图3-18所示为变压器结构示意。

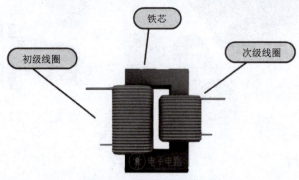

图3-18　变压器结构示意

（二）变压器的工作原理

变压器的工作原理仍是电磁感应原理。当变压器一次侧施加交流电压 U_1 时，流过一次绕组

的电流为 I_1，则该电流在铁芯中会产生交变磁通，使一次绕组和二次绕组产生电磁联系。根据电磁感应原理，交变磁通穿过这两个绕组就会感应出电动势。一次绕组的感应电动势大小为 I_1N_1，二次绕组中将产生感应电流 I_2，感应电动势为 I_2N_2，其大小与绕组匝数成正比，绕组匝数多的一侧电压高，绕组匝数少的一侧电压低。

（三）变压器的维护

（1）日常检查变压器高、低压侧接头有无过热现象，电缆头有无过热现象。

（2）根据变压器采用的绝缘等级，日常监视温升不得超过规定值。

（3）日常检查变压器室内有无异味，声音是否正常，室温是否正常，室内通风设备是否良好。

（4）日常检查变压器绝缘端子无裂纹、放电痕迹。

（5）日常检查变压器安装环境是否有潮湿、渗水现象。

五、航空插头的结构与维护

航空插头是工业机器人电气连接中最常用的一种部件。它的作用非常单纯：在电路内被阻断处或孤立不通的电路之间架起沟通的桥梁，从而使电路接通，实现预定的功能。航空插头是电气设备中不可缺少的部件，设备上总有一个或多个航空头。航空插头的形式和结构是千变万化的，随着应用对象、频率、功率、应用环境等的不同，有各种不同形式的航空插头。航空插头实物如图 3-19 所示。

图 3-19　航空插头实物

（一）航空插头的结构

航空插头的基本结构件有接触件、绝缘体、外壳、附件。

（1）接触件是航空插头完成电气连接功能的核心零件。一般由阳性接触件和阴性接触件组成接触对，通过阴、阳接触件的插合完成电气连接。

阳性接触件为刚性零件，其形状为圆柱形（圆插针）、方柱形（方插针）或扁平形（插片）。阳性接触件一般由黄铜、磷青铜制成。

阴性接触件即插孔，是接触对的关键零件，它依靠弹性结构在与插针插合时发生弹性变形而产生弹性力与阳性接触件紧密接触，完成连接。插孔的结构种类很多，有圆筒形（劈槽、缩口）、音叉形、悬臂梁形（纵向开槽）、折迭形（纵向开槽，9 字形）、盒形（方插孔）以及双曲面线簧插孔等。

（2）绝缘体也常称为基座或安装板。它的作用是使接触件按所需要的位置和间距排列，并保证接触件之间和接触件与外壳之间的绝缘性能。良好的绝缘电阻、耐电压性能以及易加工性是选择绝缘材料加工成绝缘体的基本要求。

（3）外壳是航空插头的外罩，它为内装的绝缘安装板和插针提供机械保护，并提供航空插头和插座插合时的对准，进而将航空插头固定到设备上。

（4）附件分为结构附件和安装附件。结构附件如卡圈、定位键、定位销、导向销、连接环、电缆夹、密封圈、密封垫等。安装附件如螺钉、螺母、螺杆、弹簧圈等。附件大都有标准件和通用件。

（二）航空插头的工作原理

航空插头是连接器的一种，源于军工行业，特别是航空工业电缆连接器，简称航插。航空插头是连接电气线路的机电元件。航空插头广泛应用于各种电气线路中，起着方便连接或断开电路电缆、通信线路的作用。航空插头的电气性能指标如下。

（1）接触电阻。航空插头的接触电阻从几毫欧到数十毫欧不等。

（2）绝缘电阻。绝缘电阻是衡量航空插头接触件之间和接触件与外壳之间绝缘性能的指标，其数值为数百兆欧至数千兆欧不等。

（3）电阻强度。电阻强度是航空插头接触件之间或接触件与外壳之间的绝缘强度。

（4）其他电气性能指标。电磁干扰泄漏衰减是航空插头电磁干扰屏蔽效果指标，一般在100MHz~10GHz频率范围内测试。对射频同轴连接器而言，还有特性阻抗、插入损耗、反射系数、电压驻波比等电气性能指标。

（三）航空插头的维护

（1）日常检查航空插头的插拔机械性能，确保插拔力适中，连接器能正常完成其连接功能，确保接触电阻低而稳定。

（2）日常检查航空插头的外观是否有裂纹、破损、松动现象。

（3）日常检查航空插头的接触电阻。

（4）日常检查航空插头的绝缘电阻。

（5）日常检查航空插头的电阻强度。

六、伺服驱动器的结构与维护

伺服驱动器的主要作用是控制伺服电动机，其搭配伺服电动机使用，一般不单独使用。伺服驱动器又称为伺服控制器、伺服放大器，是用来控制伺服电动机的一种控制器，其作用类似变频器作用于普通交流电动机，属于伺服系统的一部分，主要应用于高精度的定位系统。其一般是通过位置、速度和力矩三种方式对伺服电动机进行控制，实现高精度的传动系统定位，目前是传动技术的高端产品。

（一）伺服驱动器的结构

伺服驱动器均采用数字信号处理器（DSP）作为控制核心，可以实现比较复杂的控制算法，实现数字化、网络化和智能化。功率器件普遍采用以智能功率模块（IPM）为核心设计的驱动电路，IPM内部集成了驱动电路，同时具有过电压、过电流、过热、欠压等故障检测保护电路，在主回路中还加入了软启动电路，以减小启动过程对伺服驱动器的冲击。图3-20所示为伺服驱动器实物。

（1）整流部。通过整流部，将交流电变为直流电，经电容滤波，产生平稳无脉动的直流电。

（2）逆变部。由控制部过来的SPWM信号驱动IGBT，将直流电变为SPWM波形，以驱动伺

图 3-20 伺服驱动器实物

服电动机。

（3）控制部。伺服系统采用全数字化结构，通过高性能的硬件支持，实现闭环控制的软件化，现在所有伺服系统均采用 DSP 芯片，能够执行位置、速度、转矩和电流控制功能。控制部给出 SPWM 信号控制信号作用于功率驱动单元，并能够接收和处理位置与电流反馈，具有通信接口。

（4）编码器。伺服电动机配有高性能的转角测量编码器，可以精确测量转子的位置与伺服电动机的转速。

目前，伺服系统的输出器件越来越多地采用开关频率很高的新型功率半导体器件，主要有大功率晶体管（GTR）、功率场效应管（MOSFET）和绝缘门极晶体管（IGPT）等。这些先进器件的应用显著降低了伺服系统输出回路的功耗，提高了伺服系统的响应速度，减小了运行噪声。

尤其值得一提的是，最新型的伺服系统已经开始使用一种把控制电路功能和大功率电子开关器件集成在一起的新型模块，即 IPM。IPM 将输入隔离，能耗制动，过温、过压、过流保护及故障诊断等功能全部集成于一个不大的模块中。其输入逻辑电平与 TTL 信号完全兼容，与微处理器的输出可以直接接口。它的应用显著简化了伺服系统的设计，实现了伺服系统的小型化和微型化。

（二）伺服驱动器的工作原理

通过伺服驱动器，可以把上位机的指令信号转变为驱动伺服电动机运行的能量。伺服驱动器通常以伺服电动机的转角、转速和转矩作为控制目标，进而控制运动机械跟随控制指令运行，可实现高精度的机械传动与定位。

（三）伺服驱动器的维护

（1）检查伺服驱动器的供电电压是否符合要求。

（2）检查伺服驱动器与伺服电动机的电缆连接是否正常。

（3）当伺服电动机出现故障时，伺服驱动器上有故障码报警。通过阅读伺服驱动器使用说明书，查明故障码的含义，采取相应的处理办法。

（4）定期清除伺服驱动器外部的灰尘、异物，保证其外部环境清洁。

（5）定期检查伺服驱动器的接地是否可靠。

（6）定期检查连接屏蔽电缆的接地是否可靠。

任务实施

常见的伺服电动
机故障及相应
的排除方法

一、交流接触器接线

（1）CJX2-1210 交流接触器。它由控制线圈触点 a1、a2，控制线圈工作电压（220V-50Hz）、接触点、主触点组成。其接线示意如图 3-21 ~ 图 3-23 所示。

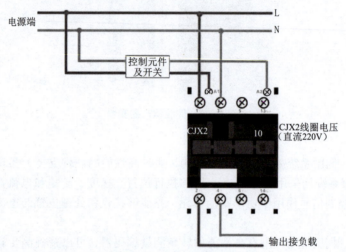

图 3-21 220V 接线示意
（L 代表火线，N 代表零线）

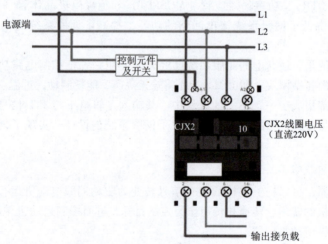

图 3-22 380V 接线示意
（L 代表火线）

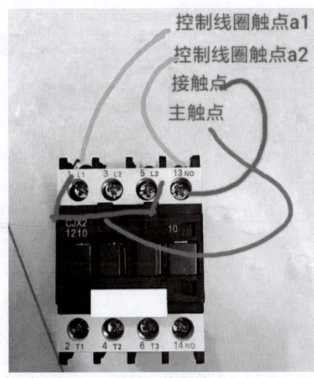

控制线圈触点a1

控制线圈触点a2

接触点

主触点

图 3-23 接线示意

（2）CJX2S-1210 交流接触器。它由主触点，辅触点，控制线圈触点 a1、a2，控制线圈工作电压（220V/230V-50Hz）组成。其接线示意如图 3-24、图 3-25 所示。

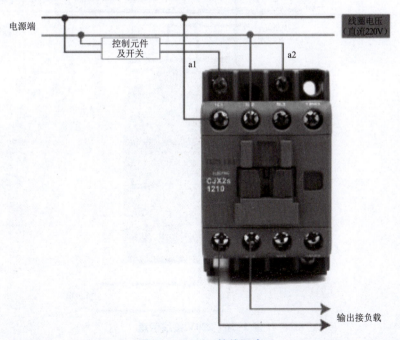

图 3-24 220V 接线示意

（L 代表火线，N 代表零线）

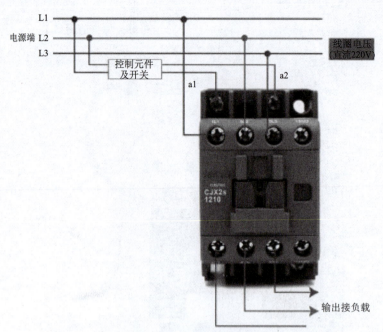

图 3-25 380V 接线示意
（L 代表火线）

（3）NXC-12 交流接触器。它由主触头，控制线圈触点 a1、a2，控制线圈电压标识，常开、常闭辅助触头组成。其接线示意如图 3-26、图 3-27 所示。

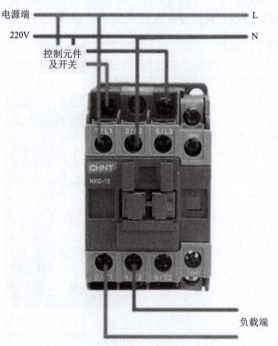

图 3-26 220V 接线示意
（L 代表火线，N 代表零线）

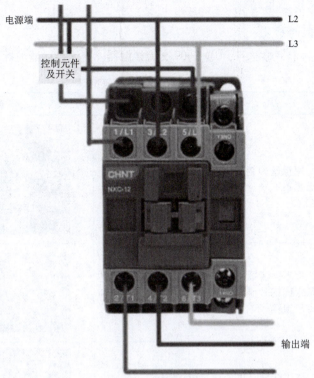

图 3-27　380V 接线示意
（L 代表火线）

NXC-12 交流接触器接线柱标识如图 3-28 所示。

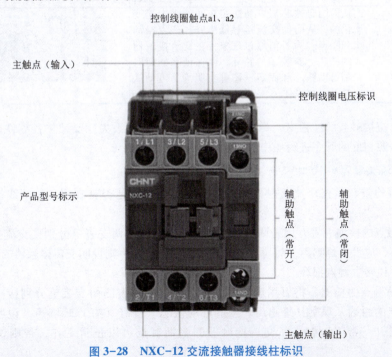

图 3-28　NXC-12 交流接触器接线柱标识

学习笔记

二、交流接触器拆装与检测

（一）交流接触器的拆装

所需器材和工具为十字螺丝刀、CJX2-09 交流接触器。交流接触器的拆装步骤见表3-9。

表 3-9　交流接触器的拆装步骤

序号	操作步骤	示意图
1	用螺丝刀松开灭弧罩的紧固螺钉，取下灭弧罩	
2	取下灭弧罩上的弹簧和可动铁芯。铁芯是由硅钢片叠压而成的，用于减少涡流与磁滞损耗	
3	取出线圈、可动铁芯和支架	
4	交流接触器在运行过程中，线圈中通入的交流电在固定铁芯中会产生交变磁通，从而固定铁芯与可动铁芯之间的吸力是变化的，从而使交流接触器工作，产生振动和噪声。为了消除该现象，在交流接触器的铁芯上安装了短路环，以保证在任何时刻可动铁芯和固定铁芯都有吸力，可动铁芯始终被吸住	

在拆卸交流接触器的过程中，要注意零件的存放，不要丢失。要记住各零件之间的安装关系。安装时按照相反的顺序进行操作。

（二）交流接触器的检测

（1）外观检查。检查交流接触器外观是否完整无缺，是否有破损，各接线端和螺钉是否完好。

（2）主触点的检测。将万用表调到蜂鸣挡，用万用表的两支表笔分别接交流接触器的一对主触点的两端，应没有蜂鸣声。将可动铁芯按下后，有蜂鸣声则说明交流接触器的主触点可以正常工作，否则说明主触点损坏。

（3）辅助触点的检测。将万用表调到蜂鸣挡，用万用表的两支表笔分别接交流接触器的一对辅助触点的两端，观察其蜂鸣声。按下可动铁芯，没有（有）蜂鸣声，说明这对触点是辅助触点的常开（常闭）触点，交流接触器的辅助触点可以正常工作，否则说明辅助触点损坏。

万用表检测示意如图 3-29 所示。

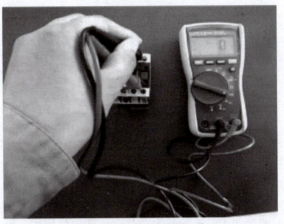

图 3-29　万用表检测示意

（4）线圈的检测。将万用表调到 R×1k 电阻挡，用万用表的两支表笔分别接交流接触器线圈的两端，测量到一个电阻值。CJX2-09 交流接触器线圈电阻大约为 140Ω，因此若所测电阻值为 140Ω 左右，则说明线圈是好的，否则说明线圈损坏。

练习与思考

一、选择题

1. （　　）具有控制电器和保护电器的复合功能，用于设备主电路及分支电路的通断控制。

A. 低压断路器　　　　　B. 接触器　　　　　C. 变压器

2. 低压断路器主要由（　　）组成。（多选）

A. 触点　　　　　　　　B. 灭弧系统　　　　C. 各种脱扣器

3. 交流接触器主要由（　　）和其他辅助部件组成。（多选）

A. 电磁机构　　　　　　B. 触点系统　　　　C. 灭弧装置

4. 熔断器按结构可分为（　　）。（多选）

A. 开启式　　　　　　　B. 半封闭式　　　　C. 封闭式

二、填空题

1. 对于不同型号的变压器，尽管它们的具体结构、外形、体积和质量有很大的差异，但它们的基本构成都是相同的，主要由_____和_____组成。

2. 航空插头的基本结构件有_____、_____、_____、_____。

三、判断题

1. 伺服驱动器的主要作用是控制伺服电动机，搭配伺服电动机使用，一般不单独使用。（　　）

2. 航空插头是连接电气线路的机电元件，广泛应用于各种电气线路中，起着方便连接或断开电路电缆、通信线路的作用。（　　　）

四、简答题

1. 简述交流接触器的拆装步骤。

2. 简述伺服驱动器的工作原理。

任务 3　示教器的使用与维护

任务描述

示教器主要用于操作者与工业机器人交互信息，操作者通过示教器发布控制命令，工业机器人的运行情况也通过示教器显示。操作者应能够正确操作示教器，熟悉示教器常见故障，并能够对示教器开展定期的检查、维护、保养工作。

知识链接

工业机器人技术的发展推动了工业机器人在社会生产中的应用。但工业机器人的应用存在开发难、安全性差等问题。示教器拥有的丰富的组件可轻松解决工业机器人开发难的问题，且自带监控功能，可提供安全的使用保障。

一、认识示教器

示教器全称叫作"示教编程器"，是一种应用于工业机器人控制的手持式装置。在工业机器人的运动控制系统中，示教器通过通信电缆连接控制柜或者控制器，通过设置运动参数与编写工业机器人的运动路径，即可让工业机器人按照编写好的工艺文件进行工作，并可以对工业机器人的运动进行实时的监控、调整、安全急停等操作。还可以将示教器配置成手动操纵模式，实时操控工业机器人移动。

工业机器人由控制器控制，通过 5~8m 长的电缆与有按键和触控屏的示教器连接，这就要求示教器与机器人之间的系统、算法、软件必须彼此兼容，这样才能形成闭环适配。

实际上，每家企业都有自己的编程逻辑，不同品牌产品的系统、软件都不同，如系统编程语言常见的有 C++、ST 语言等，不同品牌产品间的工业机器人是互不通信的。这导致不同品牌的工业机器人无法通用示教器。不同工业机器人品牌、不同控制系统所配套的示教器的结构与外形虽有所不同，但功能类似。

工业机器人行业四巨头的示教器如图 3-30 所示。国产新时达工业机器人示教器如图 3-31 所示。

如果工业机器人相互兼容，那么可以共用一台示教器。不过站在管理的角度，如果生产线出现故障，那么只有一台示教器将会给故障排查带来非常大的困难，因为只有一台示教器时，每台工业机器人的参数都要通过计算机查询，非常不利于工作，而如果每台工业机器人都有独立示教器，那么排查故障时，只要查看对应示教器中的参数即可，非常便捷、快速。

二、示教器的基本操作

示教器是操作者与工业机器人交互的平台，用于执行与操作工业机器人有关的许多任务，如编写程序、运行程序、修改程序、手动操作、配置参数、监控工业机器人状态等。在现场编程条件下，工业机器人的运动操作需要使用示教器实现，对示教器的绝大多数操作都是在其触摸屏上完成的，同时示教器保留了必要的按钮与操作装置。下面以 ABB IRB 120 工业机器人为例，介绍示教器的基本操作。

（一）设置示教器的显示语言

示教器出厂时，默认的显示语言是英语，为了方便操作，可以把显示语言设置为中文，操作步骤如下。

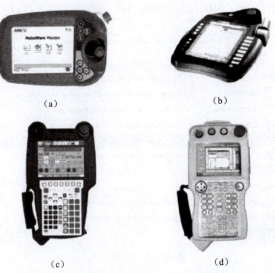

(a)　　　　　　　　　　　　　　(b)

(c)　　　　　　　　　　　　　　(d)

图 3-30　工业机器人行业四巨头的示教器

（a）ABB FlexPendant；（b）KUKA smartPAD；（c）FANUC iPendant；（d）YASKAWA DX100

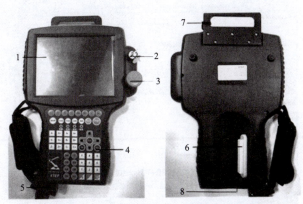

图 3-31　国产新时达工业机器人示教器

1—触摸屏；2—钥匙开关；3—紧急停止按钮；4—状态指示灯和按键；

5—示教器电缆；6—使能器按钮；7—触摸屏用笔；8—数据备份用 USB 接口

（1）在示教器页面中打开主菜单。

（2）选择"Control Panel"选项（图 3-32）。

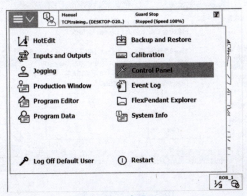

图 3-32　步骤（2）

项目三　工业机器人电气控制系统的操作与维护 ■ 123

（3）选择"Language"→"Sets current language"选项（图3-33）。

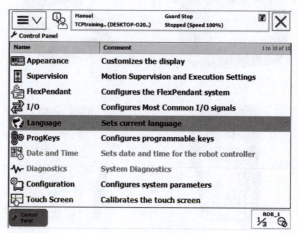

图3-33　步骤（3）

（4）选择"Chinese"选项，单击"OK"按钮（图3-34）。

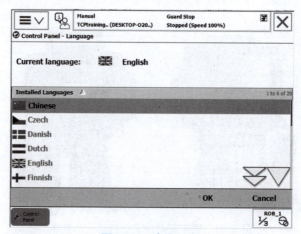

图3-34　步骤（4）

（5）单击"Yes"按钮后，示教器重新启动（图3-35）。

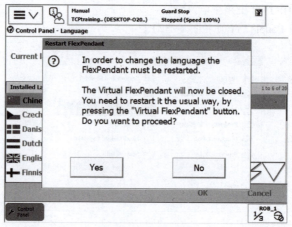

图3-35　步骤（5）

（6）示教器重新启动后，单击"主菜单"按钮，可看到主菜单页面显示为中文（图3-36）。

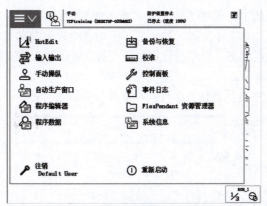

图3-36　步骤（6）

（二）设置示教器系统时间

系统时间用于日志和备份等记录的时间描述，通常在出厂时已被设置为准确时间，在一般情况下无须更改。如需更改，可在示教器上完成设置，操作步骤如下。

（1）单击"主菜单"按钮，然后选择"控制面板"→"控制器设置"选项（图3-37）。

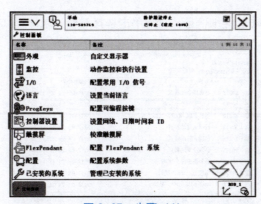

图3-37　步骤（1）

（2）设置"时区"为"China"和"Asia/Shanghai"。单击"年""月""日"等参数下方的"－""＋"按钮设置为当前实际时间，完成后单击"确定"按钮（图3-38）。

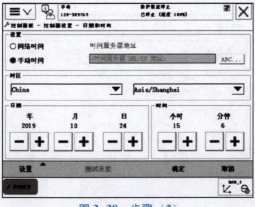

图3-38　步骤（2）

（三）查看常用信息与事件日志

在工业机器人维护过程中，若想了解工业机器人操作时的信息，可以通过示教器的状态栏显示工业机器人相关信息，如工业机器人的状态（手动、全速自动和自动）、工业机器人的系统信息、工业机器人的电动机状态、程序运行状态及当前工业机器人轴或外轴的状态。查看常用信息与事件日志的操作步骤如下。

（1）在示教器页面中单击状态栏，即可查看事件日志清单（图3-39）。

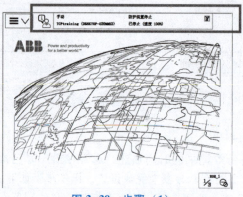

图3-39　步骤（1）

（2）如需查看某条日志的详细信息，只需单击选择对应记录即可（图3-40）。

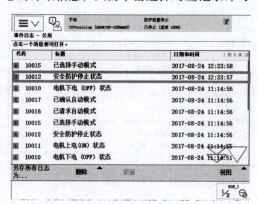

图3-40　步骤（2）

（3）再次单击状态栏，事件日志清单将关闭（图3-41）。

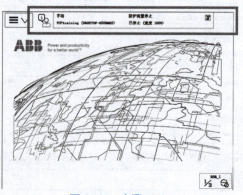

图3-41　步骤（3）

（四）示教器使能器的使用

使能器是为保证操作人员的人身安全而设置的。只有在按下使能器按钮，并保持在"电机开启"状态下，才可以对工业机器人进行手动操作与程序调试。当发生危险时人会本能地将使能器按钮松开或按下，则工业机器人会马上停下来，从而保证安全（图 3-42、图 3-43）。

图 3-42 使能器按钮松开示意

图 3-43 使能器按钮按下示意

使能器按钮分为两挡，在手动状态下按第一挡按钮，示教器的状态栏中工业机器人将处于"电机开启"状态（图 3-44）。在第一挡的基础上继续用力按下使能器按钮，其将进入第二挡，工业机器人又处于"防护装置停止"状态（图 3-45）。

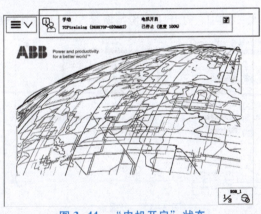

图 3-44 "电机开启"状态

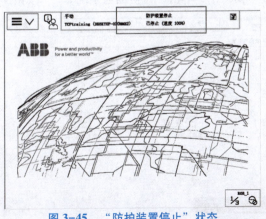

图 3-45 "防护装置停止"状态

（五）数据的备份和恢复

定期对工业机器人的数据进行备份，是保证工业机器人正常工作的良好习惯。ABB 工业机器人数据备份的对象是所有正在系统内存中运行的 RAPID 程序和系统参数。当工业机器人系统出现错乱、需要维修维护或者重新安装系统时，可以通过备份快速地把工业机器人恢复到备份时的状态。

1. 系统备份的步骤

（1）打开主菜单（图 3-46）。

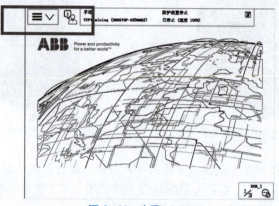

图 3-46　步骤（1）

（2）选择"备份与恢复"选项，打开"备份与恢复"窗口（图 3-47）。

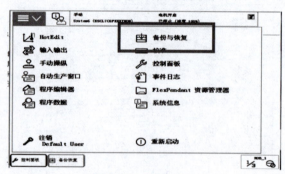

图 3-47　步骤（2）

（3）在"备份与恢复"窗口中，单击"备份当前系统..."按钮（图 3-48）。

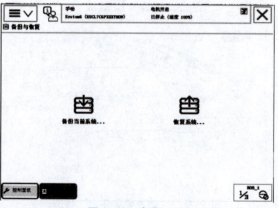

图 3-48　步骤（3）

（4）在"备份当前系统"窗口中，单击"ABC..."按钮，为生成的备份文件夹命名，单击"..."按钮，选择生成备份文件的路径，然后单击"备份"按钮（图3-49）。

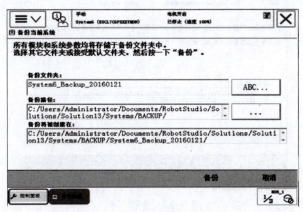

图3-49　步骤（4）

要为备份文件夹起一个具有可描述性的名字，保留创建备份文件时的日期，将备份文件存放在一个安全位置，以便恢复系统时能够顺利地找到备份文件。

2. 恢复系统的步骤

（1）打开主菜单。

（2）选择"备份与恢复"选项，打开"备份与恢复"窗口（图3-50）。

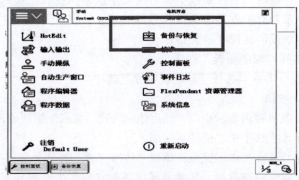

图3-50　步骤（2）

（3）在"备份与恢复"窗口中单击"恢复系统..."按钮（图3-51）。

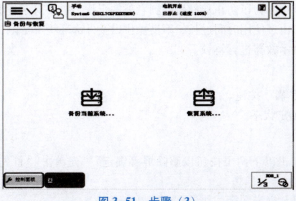

图3-51　步骤（3）

（4）在"恢复系统"窗口中，单击"…"按钮（图3-52）。

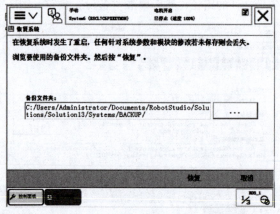

图 3-52 步骤（4）

选择用来恢复系统的备份文件夹，然后单击"恢复"按钮，则系统将自动热启动。

三、示教器的维护

在示教器上，绝大多数操作都是在触摸屏上或利用按钮完成的。下面对示教器的触摸屏和按钮的维护进行讲解。

（一）示教器触摸屏的校准

示教器触摸屏使用一段时间后，系统坐标可能发生偏移，或者在使用示教器的过程中放置不当引起示教器掉落，或者对示教器内部维修等都可能导致定位失准，这时通过校准可以重新设置系统坐标。示教器触摸屏的校准步骤如下。

（1）在主菜单中选择"控制面板"选项。

（2）在"控制面板"菜单中选择"校准触摸屏"选项。

（3）单击"重校"按钮。

（4）触摸屏幕将在数秒钟内显示空白，然后依次出现一系列十字线或箭头，一次单击一个。

（5）依次单击每个十字线的中心或箭头端部。

（6）直至所有十字线或箭头单击完成，单击"校准完成"按钮，等待系统保存数据。

（7）校准完成后，返回校准界面，如果触摸屏还存在定位失准的问题，则可以按照以上步骤再次校准。

（二）示教器的锁定和解锁

在平时的工作生产中，为了防止示教器受到意外的干扰，需要对示教器进行锁定处理，例如清洁触摸屏时。另外，由于使用时间过长、不良操作以及外部环境等影响，示教器自身会发生自锁现象。这时就需要对示教器进行解锁。

1. 锁定步骤

（1）单击"锁定屏幕"按钮。

（2）示教器进入锁定状态。

2. 解锁步骤

按照提示"依次点击以下两个按钮以解除屏幕锁定"，先单击"首先点击"按钮，再单击"其次点击"按钮。

在解锁成功后会显示锁定图标，如果需要可再次锁定。

（三）示教器按钮及急停回路性检查

1. 示教器按钮的检查

（1）增量切换按钮检查。分别切换增量切换按钮的不同挡位，然后操纵摇杆，观察工业机器人运行的速度是否有变化。如果不同挡位的速度变化明显，则说明按钮性能没有问题。如果速度无变化或者其他挡位无变化，则说明按钮有接触不良的问题，应该更换按钮面板。

（2）轴切换按钮检查。分别切换工业机器人的不同轴，然后用摇杆控制运行方向。如果对摇杆分别进行左、右、上、下、左旋、右旋操纵，其中3个轴发生运动，按下轴切换按钮后，工业机器人的另外3个轴发生运动，则说明该按钮性能良好。

（3）运行模式切换按钮检查。按下运行模式切换钮将运行模式切换为线性模式，分别沿不同方向操纵摇杆，观察工业机器人的运动是否呈线性。操纵完成后再切换成重定位模式，同样操纵摇杆，观察工业机器人的TCP是否始终围绕一点旋转。实际运行中TCP可能不会准确地集中在一点处，但是大致范围确定。如果以上工作正常则按钮正常，反之就需要检查示教器以及电缆。

（4）自定义按钮和播放、暂停、上一步、下一步按钮检查。导入一个完整的程序，在手动模式下分别按播放、暂定、上一步、下一步按钮。观察工业机器人是否按照既定的程序运行。另外，可以对4个自定义按钮和外轴按钮分别赋予不同的信号，然后对它们进行运动操作，如果无反应则说明按钮故障或者电缆断开等，应进行维修。反之，则说明按钮正常。

2. 急停回路检查

（1）导入一段完整程序，然后让工业机器人运行一会，突然按下示教器的急停按钮，工业机器人应立即停在当前位置（要注意不是减速停止）。然后，旋转示教器上的急停按钮，恢复运动模式。同样重复以上操作，但是按下控制柜上的急停按钮，出现相同的现象。如果按下急停按钮工业机器人未停止或者转动急停按钮不能恢复运动模式，则应该更换急停按钮。如果故障是电缆破损造成的，则及时更换电缆。

（2）将控制柜上的急停按钮的某一条电缆松动成模糊接触的形态，然后重复上面的操作，发现按下急停按钮无反应，多次重复后，有少数次有反应，说明在实际工作中一定要确保工业机器人的急停按钮电缆的连接是有效的。

（四）示教器触摸屏的清洁

（1）清洁示教器前，要锁定示教器。

（2）清洁示教器时，用软布和水或温和的清洁剂定期清洁触摸屏和硬件按钮。

每次使用示教器后也可以用柔软的毛巾擦拭示教器，保证示教器清洁。

（五）示教器维护的注意事项

（1）清洁示教器时，应使触摸屏上无水珠且每个按钮的标示清晰可见。为了保证示教器触摸屏完好，建议贴膜使用。

（2）正确放置示教器和示教器电缆（图3-53），防止示教器跌落摔坏触摸屏。

（3）如果示教器出现显示不良（竖线、竖带、花屏和破损等）情况，则应及时维修。

四、示教器常见故障的排除

示教器维修是示教器维护和修理的泛称，是针对出现故障的示教器通过专用的高科技检测设备进行排查，找出故障的原因，并采取一定措施排除故障，恢复示教器的性能，从而确保工业机器人正常使用。示教器维修包括示教器大修和示教器小修。示教器大修是指修理或

图 3-53　示教器和示教器电缆

更换示教器任何零部件，恢复示教器的完好技术状况和安全（或接近安全）恢复示教器寿命的恢复性修理。示教器小修是用更换或修理个别零件的方法，保证或恢复示教器正常工作。

工业机器人示教器维修至关重要，因为我国工业生产中的工业机器人大多数是进口的，只能依赖国外的供应商，普遍存在售后服务不到位、返修周期长、维修成本高的问题。下面介绍示教器常见故障及排除方案。

1. 示教器触摸不良或局部不灵

排除方案：更换触摸面板。

2. 示教器无显示

排除方案：维修或更换内部主板或触摸屏。

3. 示教器显示不良（竖线、竖带、花屏等）

排除方案：更换触摸屏。

4. 示教器按钮不良或不灵

排除方案：更换按钮面板。

5. 示教器有显示无背光

排除方案：更换高压板。

6. 示教器摇杆 X、Y、Z 轴不良或不灵

排除方案：更换摇杆。

7. 急停按钮失效或不灵

排除方案：更换急停按钮。

8. 数据线不能通信或不能通电，内部有断线等

排除方案：更换数据线。

任务实施

一、示教器清洁保养

（一）需要准备的物品

（1）软布。

（2）清水或者温和的清洁剂。

（二）清洁保养步骤

示教器要清洁的表面如图 3-54 所示，示教器清洁保养步骤见表 3-10。

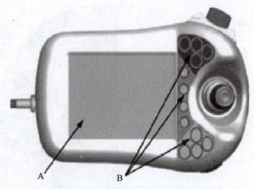

图 3-54　示教器要清洁的表面
A—触摸屏；B—硬件按钮

表 3-10　示教器清洁保养步骤

序号	步骤	示意图
1	清洁保养之前选择"Lock Screen"选项	FlexPendant Explorer　Backup and Restore Inputs and Outputs　Calibration Jogging　Control Panel Production Window　Event Log Program Data　Lock Screen Program Editor　Operator Window RobotWare Arc　System Info Logout (Default User)　Restart
2	单击"Lock"按钮	ABB Manual System5(XXYS7-W-0000053) Guard Stop Stopped (Speed 100%) Lock Screen In order to clean the touch screen you need to lock the screen. Tap Lock to lock the screen. Lock Lock Screen
3	当下一个窗口出现时，可以安全地清洁触摸屏	To let you clean the touch screen all keystrokes are now disabled. Tap the two buttons below in sequence to unlock the screen. First to Tap Second to Tap
4	使用软布和水或温和的清洁剂清洁触摸屏和硬件按钮	
5	要解除对示教器的锁定，则按照触摸屏上的说明进行操作	To let you clean the touch screen all keystrokes are now disabled. Tap the two buttons below in sequence to unlock the screen. First to Tap Second to Tap

（三）示教器清洁保养注意事项

（1）保证示教器表面清洁，每个按钮的标示清晰可见（图3-55）。

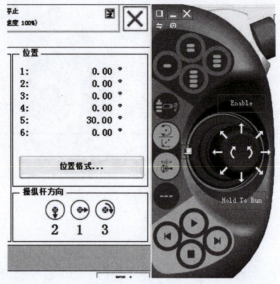

图 3-55　示教器按钮

（2）定期清洁触摸屏，保证触摸屏上无水珠，并且有保护膜。

使用后应及时用柔软的毛巾擦拭示教器。

（3）正确放置示教器和示教器电缆，防止示教器摔坏。每天检查示教器电缆有无破损（图3-56）。示教器在调试过程中经常会随工作人员进入工作站，示教器电缆常会发生刮蹭、打结等现象，使用后应及时清理。建议：使用电缆收纳器。

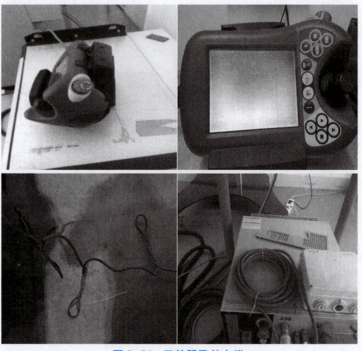

图 3-56　示教器及其电缆

（4）盖上 USB 接口的保护盖，清除端口中的灰尘和小颗粒（图 3-57）。

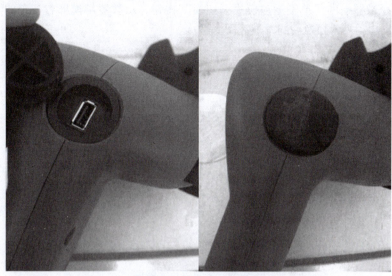

图 3-57　示教器 USB 接口

（5）保证示教器触屏笔放置在示教器后部（图 3-58）。

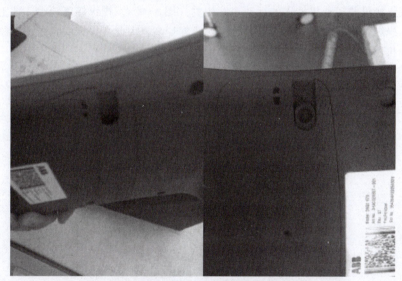

图 3-58　示教器触屏笔

（6）如果示教器出现显示不良（竖线、竖带、花屏和破损等）情况，则应及时维修。

（7）定期检测示教器的每个硬件按钮以及触摸屏的触摸偏差。

二、工业机器人的手动运行

（一）运动模式的选择

1. 快捷按钮操作

（1）将控制柜上的工业机器人状态钥匙切换到中间的手动限速状态。

（2）在示教器状态栏中，确认工业机器人已切换至"手动"状态。

（3）按下示教器上的"线性/重定模式切换"按钮，示教器触摸屏右下角的"快捷菜单"

学习笔记

按钮图标将显示运动模式切换后的效果。

（4）按下示教器上的"单轴运动模式下切换"按钮，示教器触摸屏右下角的"快捷菜单"按钮图标将显示运动模式切换后的效果（图3-59）。

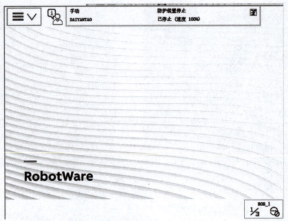

图3-59　示教器页面截屏

2. 摇杆的使用技巧

摇杆的操纵幅度与工业机器人的运动速度相关（图3-60）。操纵幅度较小，则工业机器人运动速度较低。操纵幅度较大，则工业机器人运动速度较高。因此在操纵的时候，尽量以较小的操纵幅度使工业机器人慢慢运动，以保证安全。

图3-60　示教器摇杆

（二）工业机器人的手动运行

1. 手动操纵工业机器人的单轴运动

单轴运动是指每次手动操纵时，只驱动工业机器人的一个关节轴运动。

（1）选择单轴运动"轴1-3"模式后，进入"手动操纵"选项卡，可以观察到摇杆左右运动控制轴1，上下运动控制轴2，旋转运动控制轴3，其中箭头方向指向各轴运动的正方向（图3-61）。

（2）选择单轴运动"轴4-6"模式后，进入"手动操纵"选项卡，可以观察到摇杆左右运动控制轴 4，上下运动控制轴 5，旋转运动控制轴 6，其中箭头方向指向各轴运动的正方向（图 3-62）。

（3）单轴运动模式选择好后，即可按下使能器按钮第一挡，将电动机开启后，就可以使用摇杆进行工业机器人单轴运动的手动操纵。

学习笔记

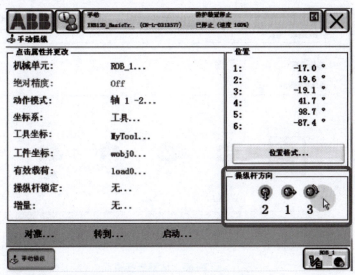

图 3-61　单轴运动"轴 1-3"模式

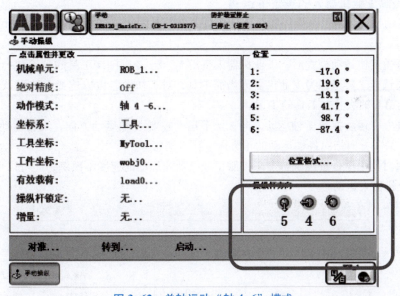

图 3-62　单轴运动"轴 4-6"模式

2. 手动操纵工业机器人的线性运动

线性运动是指每次手动操纵时，工业机器人第 6 轴法兰上工具的 TCP 在空间中做线性运动。

（1）选择线性运动模式后，应根据右手法则识别工具的 TCP 的 X、Y、Z 轴。

（2）需要选择工具坐标为工业机器人当前工具，对于初学者可以选择系统默认的 Tool0，即工业机器人的第 6 轴法兰上工具的 TCP。

（3）摇杆左右运动控制 Y 轴运动方向，上下运动控制 X 轴运动方向，旋转运动控制 Z 轴运动方向，其中箭头方向指向各轴运动的正方向。

（4）如果对使用摇杆按位移幅度来控制工业机器人运动的速度不熟练，还可以使用"增量"模式来控制工业机器人运动。

（5）双击"增量"选项即可进入增量选择页面进行增量设置（图3-63）。

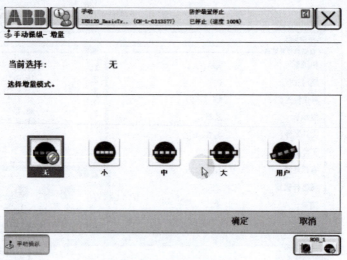

图3-63　增量选择页面

3. 手动操纵工业机器人的重定位运动

重定位运动是指每次手动操纵时，工业机器人第6轴法兰上工具的TCP在空间中绕着坐标轴旋转。

（1）选择重定位运动模式后，工业机器人将沿X、Y、Z轴围绕工具的TCP进行旋转。

（2）需要选择工具坐标为工业机器人当前工具，对于初学者可以选择系统默认的Tool0，即工业机器人的第6轴法兰上工具的TCP。

（3）摇杆左右运动控制Y轴运动方向，上下运动控制X轴运动方向，旋转运动控制Z轴运动方向，其中箭头方向指向各轴运动的正方向（图3-64）。

（4）如果对使用摇杆按位移幅度来控制工业机器人运动的速度不熟练，还可以使用"增量"模式控制工业机器人运动。

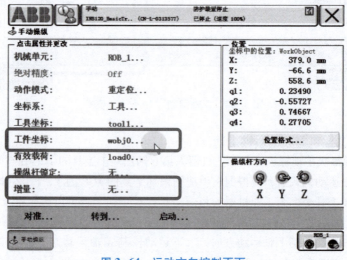

图3-64　运动方向控制页面

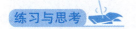

练习与思考

一、填空题

1. 示教器全称叫作"示教编程器"，是一种应用于工业机器人控制的_____装置。

2. 在使能器按钮第一挡的基础上继续用力按下使能器按钮，将进入第二挡，工业机器人处于"防护装置_____"状态。

二、选择题

1. 清洁示教器触摸屏之前选择（　　）选项。

A．"Lock Screen"　　　　　　B．"Control Panel"　　　　　　C．"System Info"

2. 示教器触摸屏使用一段时间后，系统坐标可能发生偏移，或者示教器在使用过程中由于放置不当而掉落，或者对示教器内部维修等都可能导致定位失准，这时进行（　　）可以重新设置系统坐标。

A．备份　　　　　　　　　　　B．校准　　　　　　　　　　　C．急停

三、判断题

1. 示教器应使用高压喷雾清洁。（　　）

2. 重定位运动是指每次手动操纵时，工业机器人第 6 轴法兰上工具的 TCP 在空间中绕着坐标轴旋转。（　　）

任务4　控制柜维护与拆装

任务描述

工业机器人控制柜是工业机器人的控制中枢。维修维护人员首先要熟悉控制柜的构成，能够正确操作控制柜，能够熟练地进行日常维护，能够分析工业机器人控制柜常见故障原因并能够进行故障排除。通过维护与拆装控制柜进一步了解控制柜的结构，为以后的维护和维修工作提供更好的保障。同时，可以及时发现和排除潜在的故障，提高控制柜的运行稳定性和可靠性。

知识链接

工业机器人控制柜把所有控制装置集成在一个柜体中，完成对工业机器人的控制。控制柜是工业机器人的主要组成部分，其机能类似人脑控制系统，支配着工业机器人按规定的程序运动，并记忆人们给予工业机器人的指令信息（如动作顺序、运动轨迹、运动速度及时间），同时对执行机构发出指令，必要时可监视工业机器人的动作，当动作有错误或发生故障时发出报警信号。

一、工业机器人控制柜的构成

工业机器人控制柜用于安装各种控制单元、存储数据及执行程序。下面以 ABB 工业机器人标准型控制柜为例讲解工业机器人控制柜的构成。

ABB 工业机器人标准型控制柜的主要模块包含变压器、主计算机、轴计算机、驱动单元和串行测量单元。控制柜门上挂载 I/O 板、用户直流 24V 电源、第三方模块和中间继电器。控制柜面板上有电源总开关、急停按钮、上电/复位按钮、状态切换开关、RobotStudio 网线接口、示教器插头。

（一）主计算机

主计算机用于存放系统和数据串口测量板（图 3-65）。

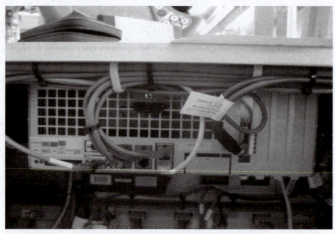

图 3-65　ABB 工业机器人主计算机

（二）I/O 板

I/O 板是控制单元主板与 I/O 设备、串行主轴、伺服轴、显示单元的连接板（图 3-66）。

图 3-66　ABB 工业机器人 I/O 板

（三）I/O 电源板

I/O 电源板用于给 I/O 板提供电源（图 3-67）。

图 3-67　ABB 工业机器人 I/O 电源板

（四）电源分配板

电源分配板用于给工业机器人各轴运动提供电源（图 3-68）。

图 3-68　ABB 工业机器人电源分配板

（五）轴计算机

轴计算机用于计算工业机器人轴的转数（图 3-69）。

图 3-69　ABB 工业机器人轴计算机

（六）安全面板

控制柜正常工作时，安全面板上的所有指示灯点亮，急停按钮从这里接入（图 3-70）。

图 3-70　ABB 工业机器人安全面板

（七）电容

充电和放电是电容的基本功能。电容用于在工业机器人关闭电源后保存数据，相当于实现了延时断电功能（图3-71）。

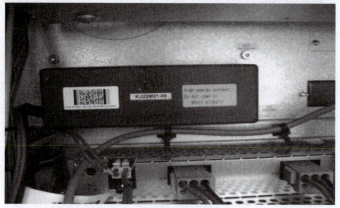

图3-71　ABB工业机器人电容

（八）工业机器人6轴的驱动器

驱动器用于驱动工业机器人各轴的电动机（图3-72）。

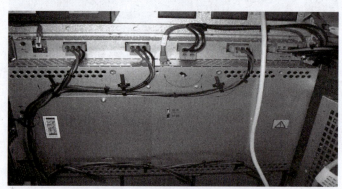

图3-72　ABB工业机器人6轴的驱动器

（九）工业机器人控制柜上的动力电缆

ABB工业机器人控制柜上的动力电缆如图3-73所示。

图3-73　ABB工业机器人控制柜上的动力电缆

（十）外部轴上的电池和 TRACK SMB 板

在控制柜断电的情况下，外部轴上的电池和 TRACK SMB 板可以保持相关的数据，即具有断电保持功能（图 3-74）。

图 3-74　外部轴上的电池和 TRACK SMB 板

二、工业机器人控制柜的基本使用

ABB 工业机器人控制柜面板如图 3-75 所示。

（1）电源开关。转此开关，可以实现工业机器人系统的开启和关闭。

（2）模式开关。旋转此开关，可切换工业机器人手动/自动运行模式。

（3）急停按钮。按下此按钮，可立即停止工业机器人的动作，此按钮的控制操作优先于工业机器人的任何其他控制操作。

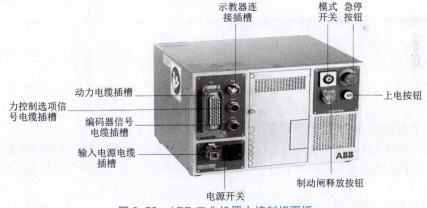

图 3-75　ABB 工业机器人控制柜面板

注意：按下急停按钮会断开工业机器人电动机的驱动电源，停止所有运动部件，并切断由工业机器人系统控制且存在潜在危险的功能部的电源。工业机器人运行时，如果工作区域内有工作人员，则需要立即按下急停按钮。

（4）制动闸释放按钮。解除电动机抱死状态，使工业机器人姿态可以随意改变。

在工业机器人的手动操纵过程中，操作者因为操作不熟练引起碰撞或者发生其他突发状况时，可以按下急停按钮，启动工业机器人安全保护机制，停止工业机器人。在紧急停止工业机器人后，工业机器人停止的位置可能处于空旷区域，也有可能被堵在障碍物之间。如果工业机器人处于空旷区域，则可以手动操纵工业机器人运动到安全位置。如果工业机器人被堵在障碍物之间，则在障碍物容易移动的情况下，可以直接移开障碍物，再手动操纵工业机器人运动至安全位置。如果障碍物不易移动，也很难直接手动操纵工业机器人到达安全位置，那么可以按下制动闸释放按钮，手动移动工业机器人到安全位置。操作方法如下：一人托住工业机器人，另一人按下制动闸释放按钮，电动机抱死状态解除后，托住工业机器人移动到安全位置后松开制动闸释放按钮，然后松开急停按钮，按下上电按钮，使工业机器人系统恢复到正常工作状态。

注意：不要轻易按下制动闸释放按钮，否则容易造成碰撞。

（5）上电按钮。按下此按钮，工业机器人电动机上电，处于开启状态。

三、工业机器人控制柜维护

（一）维护前的准备工作

（1）关闭总电源。

（2）操作人员进行除静电处理，并穿上工作服，如图 3-76 所示。

图 3-76　防静电处理

（3）将螺丝刀、扳手等工具放置在防静电工作台上。

（二）日点检项目

（1）检查控制柜是否清洁，四周是否无杂物。

在控制柜周围要保留足够的空间与位置，以便于操作与维护。如果不能达到要求，要及时做出整改。

（2）检查控制柜是否保持通风良好。

对于电气元件来说，保持合适的工作温度是相当重要的。如果控制柜使用环境的温度过高，会触发工业机器人本身的保护机制而报警。持续长时间高温运行会损坏工业机器人电气相关的模块与元件。

（3）检查控制柜运行是否正常。

控制柜正常上电后，示教器上应无报警。控制柜背面的散热风扇应运行正常。

（4）检查安全防护装置是否运作正常、急停按钮是否正常等。

在遇到紧急情况时，应在第一时间按下急停按钮。ABB 工业机器人的急停按钮有两个标配，分别位于控制柜及示教器上。可以手动或在自动状态下对急停按钮进行测试并复位，确认其功能正常。

（5）检查按钮/开关功能。

在开始作业之前，要进行包括工业机器人本体与周边设备的按钮/开关的检查与确认。

（6）检查电路板指示灯状态。

检查电路板指示灯状态，指示灯应全部开启。

（7）检查控制柜内部电缆。

检查控制柜内部电缆，保证所有电缆插头连接稳固、所有电缆绝缘无损坏、电缆整洁。

（三）定期检查项目

1. 散热风扇的检查（每6个月）

在开始检查作业之前，先关闭控制柜主电源。具体操作步骤如下。

（1）关闭控制柜主电源。

（2）从控制柜背面拆下外壳，会看到控制柜的散热风扇。

①检查叶片是否完整和破损，必要时更换。

②清除叶片上的灰尘。

2. 散热风扇的清洁（每12个月）

在开始清洁作业之前，先关闭控制柜主电源。具体操作步骤如下。

（1）关闭控制柜主电源。

（2）使用小清洁刷清扫灰尘并用小托板接住灰尘。

（3）使用手持吸尘器对遗留的灰尘进行吸取。

3. 控制柜内部的清洁（每12个月）

在开始清洁作业之前，先关闭控制柜主电源。具体操作步骤如下。

（1）关闭控制柜主电源。

（2）打开控制柜门，使用手持吸尘器对灰尘进行吸取。

4. 上电接触器K42、K43的检查（每12个月）

（1）在手动状态下，按下使能器按钮到中间位置，使工业机器人进入"电机上电"状态。

（2）单击示教器状态栏。

（3）出现"10011电机上电（ON）状态"，说明状态正常。

如果出现"37001电机上电（ON）接触器启动错误"，则应重新测试，如果还不能消除，则根据报警提示进行处理。

（4）在手动状态下，松开使能器按钮。

（5）出现"10012安全防护停止状态"，说明状态正常。如果出现"20227电机接触器，DRV1"，则应重新测试，如果还不能消除，则根据报警提示进行处理。

5. 刹车接触器K44的检查（每12个月）

（1）在手动状态下，按下使能器按钮到中间位置，使工业机器人进入"电机上电"状态。单轴、慢速小范围运动工业机器人。

（2）细心观察工业机器人的运动是否流畅和有异响。使轴1～6分别单独运动并进行观察。在测试过程中，如果出现"50056关节碰撞"，则应重新测试，如果还不能消除，则根据报警提示进行处理。

（3）在手动状态下，松开使能器按钮。

（4）出现"10012安全防护停止状态"，说明状态正常。如果出现"37101制动器故障"，则应重新测试，如果还不能消除，则根据报警提示进行处理。

6. 安全回路的检查（每12个月）

（1）对安全回路面板上的接线端子X1、X2、X5、X6根据实际需要进行接线。

（2）根据实际使用情况，在保证安全的情况下，触发安全信号，检查工业机器人是否有对应的响应。

（3）在示教器上查看触发的安全信号报警。

（4）对安全信号进行复位后，对应的报警消除。

7. 系统备份和导入的检查

检查工业机器人是否可以正常完成程序备份和重新导入功能。

8. 系统标定补偿值的检查

检查工业机器人标定补偿值与出厂配置值是否一致。

9. 硬盘空间的检查

优化工业机器人控制柜硬盘空间，确保运转空间正常（此项仅限专业人员操作）。

（四）保养件更换

以下零部件属于消耗品，应按照需求更换。

（1）风扇。驱动单元冷却风扇工作时间较长，如发现损坏，应及时更换。

（2）防尘过滤网。定期检查控制柜防尘过滤网，如发现损坏，应及时更换。

（3）辅助接触器触点。定期检查控制柜辅助接触器常开触点和常闭触点，如发现损坏，应及时更换。

（4）保险丝。如发现控制柜保险丝损坏，应及时更换。

（5）电动机上电指示灯：如发现电动机上电指示灯在使用时损坏，应及时更换。

四、工业机器人控制柜常见故障及排除方法

（一）开关经常跳闸或者不能合闸

1. 原因分析

（1）开关老化。

（2）开关选型不对。

（3）电动机内部短路。

（4）线路老化、短路、用线过小或者缺相。

2. 排除方法

将控制柜的电源关闭，然后用绕表测量电动机，检查电路的三相是否有短路或接地现象。测量时注意要把变频输出端拆下来，以免测试时把变频输出模块烧坏，用手转动电动机，检查是否卡死，必要时应更换开关。

（二）接触器噪声大

1. 原因分析

可能是接触器的接触面不平，表面有沙或生锈，造成缺相，导致接触器开关等元器件烧坏。

2. 排除方法

将控制该接触器的负载开关打开，手动快速开关接触器，反复多次后如果噪声还没有消失，则需将其拆下，将衔铁磨平，或者更换新的接触器。

（三）热继电器经常跳闸

1. 原因分析

（1）电动机过载。

（2）选型不匹配。

（3）线路老化。

2. 排除方法

查看电动机与热继电器的选型是否匹配，确保电动机正常，若有必要，更换新的匹配主线。

（四）接触器或中间继电器吸合不正常

1. 原因分析

（1）线圈零圈断路。

（2）中间继电器头损坏。

2. 排除方法

检查线路，更换新的中间继电器头。

（五）变频器经常报故障。

1. 原因分析

（1）参数设置不正确。

（2）变频器老化。

（3）水泵过载。

（4）缺相。

（5）线路松动。

2. 排除方法

先将变频器复位，如果短时间内重新发生相同的故障，则说明变频器不能继续工作。将变频器的故障代码记录下来，对照说明书排除故障。将电路全部紧固一次，测量三相电流，看其是否平衡。若供电电源缺相造成变频器输入端烧坏或变频器老化，则需要更换变频器。

（六）控制柜的 I/O 点不正常或不能正常运转

1. 原因分析

（1）控制器的 I/O 点长期频繁动作，造成控制柜内部的触点烧毁。

（2）触点经过强大的电流。

（3）程序出错或控制柜已被烧毁。

2. 排除方法

需要更新控制柜的程序，将烧毁的 I/O 点通过软件改至备用触点，必要时更换控制柜。

任务实施

一、工业机器人控制柜清洁保养

（一）工业机器人清洁保养所需的工具和材料

（1）30~40℃ 的清水。

（2）中性清洁剂。

（3）酒精。

（4）抹布。

（5）棉布。

（二）工业机器人控制柜清洁保养的步骤

工业机器人控制柜清洁保养的步骤见表 3-11。

表 3-11　工业机器人控制柜清洁保养的步骤

序号	操作步骤	示意图
1	清洁前进行断电处理	
2.	将抹布放入含有清洁剂的 30~40℃ 的水中打湿，然后取出拧干。用抹布进行控制柜外部清洁	
3	将散热风扇取下进行除尘处理	
4	用压缩空气对控制柜通风通道进行除尘处理	
5	清洁后安装控制柜风冷系统	
6	若控制柜内部有大量灰尘，可用蘸有酒精的棉布擦拭或用吸尘器处理	

（三）工业机器人控制柜清洁保养的注意事项

在进行工业机器人控制柜清洁保养时，必须事先关闭电源，确保在无电的情况下进行相关操作。清洁保养完成后，确认所有模块完好，再对控制柜充电。

（1）进行静电放电保护。

（2）使用酒精清洁，其他清洁剂可能导致油漆或标签等损坏。

（3）清洁前确认所有防护罩都已装好。

二、工业机器人控制柜拆装

（一）工业机器人控制柜装配

1. 工业机器人控制柜装配要求

（1）检查元件有无损坏。

（2）元器件组装顺序应由左至右，由上至下。

（3）同一型号产品应保证组装一致性。

（4）面板、门板上的元件中心线的高度应符合规定。

（5）对于发热元件（如管形电阻、散热片等）的安装应考虑其散热情况，安装距离应符合规定。

（6）所有电气元件及其附件均应固定安装在支架或底板上，不得悬吊在电器及其连线上（图 3-77）。

图 3-77　控制柜电气元件及其附件

2. 工业机器人控制柜装配的步骤

工业机器人控制柜装配的步骤见表 3-12。

表 3-12　工业机器人控制柜装配的步骤

操作步骤	具体内容	示意图
（1）主板装配	将主板装入控制柜柜体，用米字形扳手将紧固螺钉 M3×6 拧紧	
（2）轴计算机装配	将轴计算机装入控制柜柜体，用米字形扳手将紧固螺钉 M4×6 拧紧	
（3）备用能源组装配	将备用能源组装入控制柜柜体，用米字形扳手将紧固螺钉 M4×8 拧紧	
（4）配电板装配	将配电板装入控制柜柜体，用米字形扳手将紧固螺钉 M4×6 拧紧	

操作步骤	具体内容	示意图
（5）过滤器装配	将过滤器装入控制柜柜体，用米字形扳手将紧固螺钉 M4×6 拧紧	
（6）安全台装配	将安全台装入控制柜柜体，用米字形扳手将紧固螺钉 M3×6 拧紧	
（7）中间层架装配	将中间层架装入控制柜柜体，用米字形扳手将紧固螺钉 M3×6 拧紧	
（8）驱动装置装配	将驱动装置装入控制柜柜体，用米字形扳手将紧固螺钉 M4×6 拧紧	
（9）系统电源装配	将系统电源装入控制柜柜体，用米字形扳手将紧固螺钉 M4×8 拧紧	
（10）风扇装配	将 2 个风扇装入控制柜柜体，用米字形扳手将紧固螺钉 M3×6 拧紧	
（11）泄流器装配	将泄流器装入控制柜柜体，用米字形扳手将紧固螺钉 M4×6 拧紧	
（12）风扇罩装配	将风扇罩装入控制柜柜体，用米字形扳手将紧固螺钉 M3×6 拧紧	
（13）右侧盖装配	将右侧盖装入控制柜柜体，用米字形扳手将紧固螺钉 M3×6 拧紧	
（14）左侧盖装配	将左侧盖装入控制柜柜体，用米字形扳手将紧固螺钉 M3×6 拧紧	
（15）顶盖装配	将顶盖装入控制柜柜体，用米字形扳手将紧固螺钉 M3×6 拧紧。控制柜装配完毕	

（二）工业机器人控制柜拆卸

1. 工业机器人控制柜拆卸前的准备工作

（1）工作场地要宽敞明亮、平整、清洁。

（2）拆卸工具准备齐全，规格合适。

（3）拆下的零件必须有次序、有规律地放置，不可乱扔乱放。

（4）不可带电操作。

2. 工业机器人控制柜拆卸的步骤

工业机器人控制柜拆卸的步骤见表3-13。

工业机器人
控制柜装配
（视频）

表 3-13　工业机器人控制柜拆卸的步骤

操作步骤	具体内容	示意图
（1）顶盖拆卸	使用米字形扳手拧下顶盖的紧固螺钉 M3×6，将顶盖拆卸	
（2）左侧盖拆卸	使用米字形扳手拧下左侧盖的紧固螺钉 M3×6，将左侧盖拆卸	
（3）右侧盖拆卸	使用米字形扳手拧下右侧盖的紧固螺钉 M3×6，将右侧盖拆卸	
（4）风扇罩拆卸	使用米字形扳手拧下风扇罩的紧固螺钉 M3×6，将风扇罩拆卸	
（5）泄流器拆卸	使用米字形扳手拧下泄流器的紧固螺钉 M4×6，将泄流器拆卸	
（6）风扇拆卸	使用米字形扳手拧下2个风扇的紧固螺钉 M3×6，将风扇拆卸	
（7）系统电源拆卸	使用米字形扳手拧下系统电源的紧固螺钉 M4×8，将系统电源拆卸	
（8）驱动装置拆卸	使用米字形扳手拧下驱动装置的紧固螺钉 M4×6，将驱动装置拆卸	

操作步骤	具体内容	示意图
(9) 中间层架拆卸	使用米字形扳手拧下中间层架的紧固螺钉 M3×6,将中间层架拆卸	
(10) 安全台拆卸	使用米字形扳手拧下安全台的紧固螺钉 M3×6,将安全台拆卸	
(11) 过滤器拆卸	使用米字形扳手拧下过滤器的紧固螺钉 M4×6,将过滤器拆卸	
(12) 配电板拆卸	使用米字形扳手拧下配电板的紧固螺钉 M4×6,将配电板拆卸	
(13) 备用能源组拆卸	使用米字形扳手拧下备用能源组的紧固螺钉 M4×8,将备用能源组拆卸	
(14) 轴计算机拆卸	使用米字形扳手拧下轴计算机的紧固螺钉 M4×6,将轴计算机拆卸	
(15) 主板拆卸	使用米字形扳手拧下主板的紧固螺钉 M3×6,将主板拆卸。控制柜拆卸完毕	

项目评价表

各组展示任务完成情况,包括介绍计划的制定、任务的分工、工具的选择、任务完成过程视频、运行结果视频,整理技术文档并提交汇报材料,进行小组自评、组间互评、教师评价,完成项目评价表(表3-14)。

工业机器人控制柜拆卸(视频)

表3-14 项目评价表

序号	评价项目	评价内容	分值	自评 (35%)	互评 (35%)	师评 (30%)	合计
1	理论知识理解	正确阐述本体电缆作用及维护方法	5				
		正确描述主要控制元件在电气控制系统中的作用	5				
		正确说出示教器和控制柜维护方法	5				

序号	评价项目	评价内容	分值	自评 (35%)	互评 (35%)	师评 (30%)	合计
2	实际操作技能	连接本体电缆熟练	5				
		示教器清洁过程严肃认真、精益求精。手动操作示教器熟练	5				
		控制柜拆装规范、正确	5				
3	专业能力	计划合理,分工明确	10				
		爱岗敬业,具有安全意识、责任意识、服从意识	10				
		能进行团队合作、交流沟通、互相协作,能倾听他人的意见	10				
		遵守行业规范、现场"6S"标准	10				
		主动性强,保质保量完成被分配的相关任务	10				
		能独立思考,采取多样化手段收集信息,解决问题	10				
4	创新意识	积极尝试新的想法和做法,在团队中起到积极的推动作用	10				

练习与思考

一、填空题

1. 工业机器人控制柜用于安装各种控制单元、存储数据及_____。

2. 旋转电源开关,可以实现工业机器人系统的_____和_____。

3. 按下上电按钮,工业机器人电动机上电,处于_____状态。

二、选择题

1. 在工业机器人的手动操纵过程中,操作者因为操作不熟练引起碰撞或者发生其他突发状况时,可以按下 (   ),启动工业机器人安全保护机制,停止工业机器人。

A. 制动闸释放按钮   B. 急停按钮   C. 快捷键按钮

2. 工业机器人控制柜维护前的准备工作有 (   )。

A. 关闭总电源   B. 进行除静电处理   C. 穿上工作服

三、判断题

1. 检查控制柜内部电缆，控制柜内所有电缆插头应连接稳固、所有电缆绝缘无损坏、电缆整洁。（　　）

2. 在开始检查作业之前，应关闭控制柜主电源，从控制柜背面拆下外壳，会看到控制柜的散热风扇。（　　）

项目四　工业机器人本体保养检查及操作安全

工业机器人在使用过程中，由于作业磨损或者不当操作，可能出现影响正常工作的故障，为了延长工业机器人的使用寿命，对工业机器人进行常规检查与保养，以确保各部分功能正常，有效避免可控故障的发生。本项目以小组为单位，对 ABB IRB 120 工业机器人进行常规检查，检查时遵守安全操作规程。

学习目标

【知识目标】

（1）能够阐述工业机器人维护计划。

（2）能正确阐述工业机器人本体清洁的重点工作内容。

（3）能正确阐述工业机器人安全操作规范。

（4）能正确阐述工业机器人操作要求。

【技能目标】

（1）能对工业机器人本体进行清洁保养。

（2）能定期对工业机器人本体进行常规检查。

（3）能进行紧急情况处理。

（4）能做好操作前的安全防护。

【素养目标】

（1）培养学生的爱岗敬业精神。

（2）引导学生既学习理论，又具有实际操作能力，做到工作务实，勤奋创新，将理论和实践完美结合。

项目实施

任务1　工业机器人本体常规检查

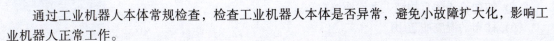

任务描述

通过工业机器人本体常规检查，检查工业机器人本体是否异常，避免小故障扩大化，影响工业机器人正常工作。

工业机器人主要使用在较为恶劣的条件下，或工作强度和持续性要求较高的场合，品牌工业机器人的故障率较低，得到较为广泛的认可。即使工业机器人设计较规范和完善、集成度较高、故障率较低，仍须定期进行常规检查和预防性维护。本任务中的维护主要针对关节式工业机器人，以 ABB IRB 120 工业机器人为例。

一、工业机器人维护计划

工业机器人由工业机器人本体和控制柜组成，必须定期对其进行维护，以确保其功能正常发挥。表4-1 所示为工业机器人维护计划。

表4-1　工业机器人维护计划

序号	维护活动	设备	间隔
1	检查	阻尼器	定期
2	检查	电缆线束	定期
3	检查	同步带	36 个月
4	检查	塑料盖	定期
5	检查	机械停止销	定期
6	检查	信息标签	12 个月
7	更换	电池组	低电量警告时
8	清洁	完整工业机器人	定期
9	更换	润滑油	定期

二、工业机器人本体清洁保养

清洁频次取决于工业机器人的工作环境。根据工业机器人的不同防护类型，可采用不同的清洁方法。

清洁工业机器人时，务必使用规定的清洁设备。其他任何清洁设备都可能缩短工业机器人的寿命。在清洁之前，务必检查是否已将所有保护罩都装到了工业机器人上。不可以用压缩空气清洁工业机器人。切勿用腐蚀性强的溶剂清洁工业机器人。不要在距工业机器人 0.4m 以内喷水。在清洁工业机器人之前，不要拆除任何盖罩或其他防护装置。

（一）清洁工具

防静电手套、毛刷、清洁刷、湿抹布、干抹布、酒精、清洁剂、清水。

（二）注意事项

（1）对工业机器人数据进行备份。

（2）断开工业机器人电源，以防清洁过程中漏电。

（3）检查工业机器人固定装置。

（4）切勿在机械手臂上加装重物。

（5）切勿将液体直接洒入各线缆接口。

（6）抹布的湿度应适中。

（7）切勿使用具有强腐蚀性的清洁液。

（8）断电时间不宜过长。

（9）应进行静电保护。

以 ABB IRB 120 工业机器人为例，工业机器人清洁过程见表 4-2。

表4-2　工业机器人清洁过程

序号	操作步骤	示意图
1	首先把工业机器人姿态调整到适当位置并备份工业机器人系统资料，然后断开一切电源，最后取下轴6上的夹具与工件	
2	用毛刷（可加少许清洁液）对细微部位与轴6进行除尘	
3	将毛巾沾湿到合适湿度，擦拭轴1~6	
4	用毛巾进行清理，继续擦拭工业机器人基座	
5	完成清洁，检查是否清洁干净	

三、工业机器人齿轮润滑油更换

（一）润滑油更换准备

不同型号工业机器人的不同轴所用润滑油代号不同，应严格按照工业机器人手册指定代号购买润滑油（可查备品备件清单，联系生产商售后人员或系统集成商）。以 ABB IRB 120 工业机器人为例，需要准备的换油工具见表 4-3。

表4-3　换油工具

序号	工具名称	图片	备注
1	量杯		确定更换油量

序号	工具名称	图片	备注
2	漏斗		辅助换油
3	常规工具		机械拆卸
4	空桶		回收所更换的润滑油（一台工业机器人总油量约30L）

（二）润滑油更换过程

工业机器人润滑油更换过程见表4-4。

表4-4　工业机器人润滑油更换过程

操作步骤	具体内容	示意图
（1）准备	将工业机器人各轴调整到合适的位置（有利于将润滑油排放干净）	
（2）排油	取下轴1尾盖，取下排油管顶部堵头，将润滑油排放干净	
	轴2排油	

操作步骤	具体内容	示意图
（2）排油	轴 3 排油	
	轴 4 排油	
	轴 5 排油	
	轴 6 排油	

操作步骤	具体内容	示意图
（3）加油	轴1加油（检查孔刚刚有润滑油溢出时，即可上紧堵头）	
	轴2加油（检查孔刚刚有润滑油溢出时，即可上紧堵头）	
	轴3加油（注意工业机器人姿态）	
	轴4加油（注意工业机器人姿态）	

操作步骤	具体内容	示意图
（3）加油	轴 5 加油（注意工业机器人姿态）	
	轴 6 加油（注意工业机器人姿态）	

（三）更换齿轮润滑油注意事项

进行齿轮润滑油更换必须注意以下几点。

（1）通过生产商售后人员确定对应工业机器人及各轴润滑油代号与用量。

（2）工业机器人系统断电、气，现场禁止火源。

（3）更换润滑油前做好系统数据备份。

（4）调整好工业机器人各轴姿态，便于排油与换油。

四、更换电池

（一）更换电池准备

当工业机器人报 38213 电池电量低警告或 38200 电池备份丢失警告时，意味着要进行电池的更换。更换电池的工具见表 4-5。

表 4-5　更换电池的工具

序号	工具名称	图片
1	梅花内六角扳手	
2	扎带	

学习笔记

续表

序号	工具名称	图片
3	剪刀/斜口剪	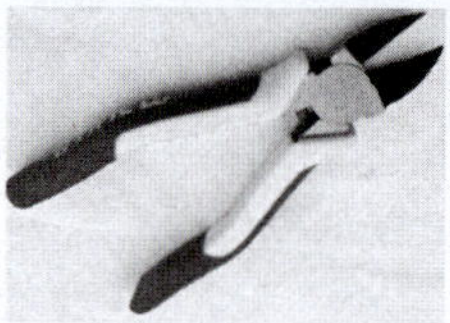
4	电池	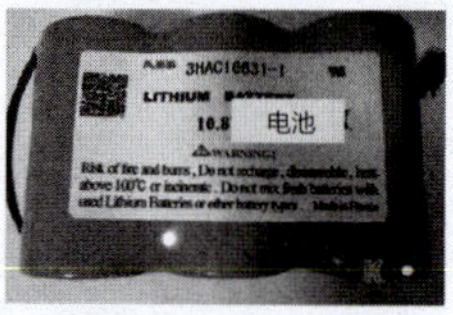

（二）更换电池过程

以 ABB IRB 120 工业机器人为例，更换电池过程见表 4-6。

表 4-6 更换电池过程

序号	操作步骤	示意图
1	将工业机器人所有关节回零	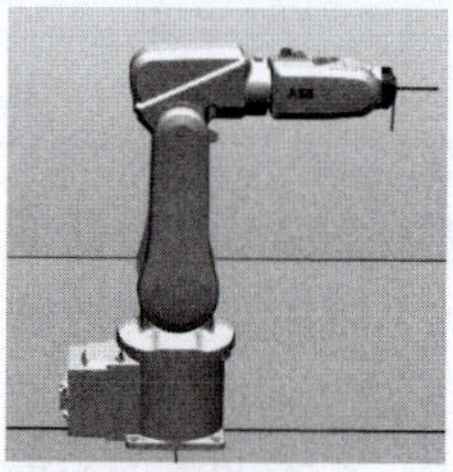
2	关闭总电源，断开电池电缆与编码器接口电路板的连接	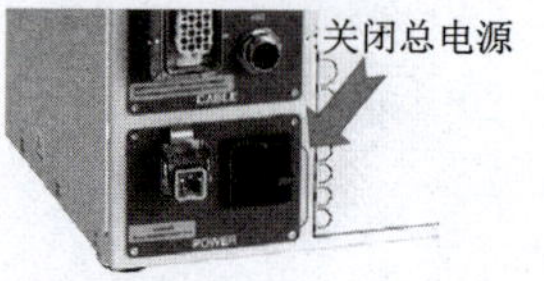
3	用工具拧下相关螺钉，从工业机器人上卸下基座盖	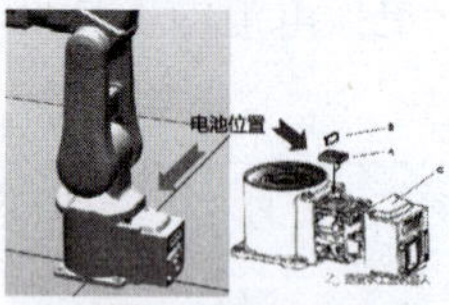
4	在保持工业机器人通电的情况下，用剪刀剪掉扎带，拆下旧电池（注意：这时需要按下卡扣，不要强行拔插头）	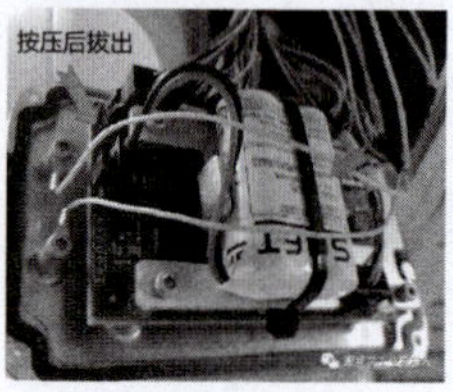

序号	操作步骤	示意图
5	装上新电池，并用扎带固定，用剪刀剪下多余扎带	
6	如果在不断电的情况下更换电池，则转数计数器不需要更换，继续使用工业机器人即可。如果在断电的情况下更换电池，则应更换转数计数器	

（三）更换电池注意事项

（1）操作前要关闭总电源。

（2）所选用的新电池应是生产商认可的电池，最好从生产商售后人员处购买。原则是使用同型号正品电池。

（3）更换电池前，务必将工业机器人回零位，可以通过程序回零位或者手动回零位。把工业机器人移动到原点位置，以便在更换电池后可以直接更新转数计数器。

（4）更换电池前要仔细阅读说明书。

任务实施

一、检查阻尼器

（1）检查事项。检查阻尼器是否出现裂纹、现有印痕是否超过1mm、连接螺钉是否变形。

（2）维护方法。若检查到损坏，则必须更换新的阻尼器。

工业机器人本体阻尼器如图4-1所示。

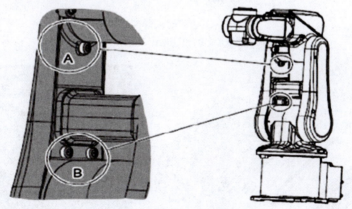

图4-1　工业机器人本体阻尼器
A—轴3阻尼器；B—轴2阻尼器

二、检查电缆线束

（1）检查事项。目测工业机器人与控制柜之间的控制布线，检查是否存在磨损、切割或挤压损坏。

（2）维护方法。如果检查到损坏，则需要更换布线。

工业机器人本体上的电缆如图 4-2 所示。控制柜上的电缆如图 4-3 所示。

 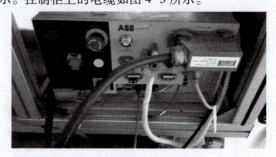

图 4-2　工业机器人本体上的电缆　　　　　　图 4-3　控制柜上的电缆

三、检查同步带与同步带轮

（1）检查事项。拆卸塑料盖，检查同步带、同步带轮是否损坏，检查同步带的张力。

（2）维护方法。如果检查到损坏，则必须更换相应零件；如果同步带张力不正确，应进行调整。

工业机器人臂部同步带如图 4-4 所示。工业机器人腕部同步带如图 4-5 所示。

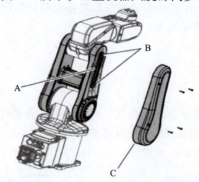

图 4-4　工业机器人臂部同步带

A—轴 3 同步带；B—2 个同步带轮；C—下臂盖

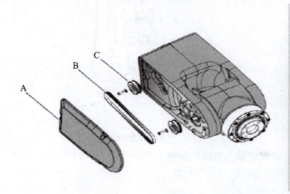 

图 4-5　工业机器人腕部同步带

A—腕部侧盖；B—轴 4 同步带；C—2 个同步带轮

四、检查塑料盖

（1）检查事项。检查塑料盖是否存在裂纹或其他类型的损坏。

（2）维护方法：如果检查到塑料盖损坏，则应更换塑料盖。

工业机器人本体塑料盖如图4-6所示。

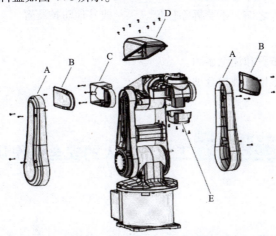

图4-6 工业机器人本体塑料盖

A—下臂盖；B—腕部侧盖；C—护腕；D—壳盖；E—倾斜盖

五、检查机械停止销

（1）检查事项。检查机械臂是否有弯曲、松动、损坏等情况。

（2）维护方法。如果出现弯曲、松动、损坏等情况，则需要更换或者紧固。

（3）注意事项。减速器与机械臂停止装置的碰撞可导致机械臂的使用寿命缩短。

工业机器人本体机械停止销如图4-7所示。

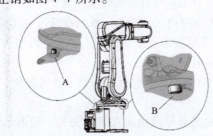

图4-7 工业机器人本体机械停止销

A—机械停止销（基座）；B—机械停止销（摆动平板）

练习与思考

一、判断题

1. 当工业机器人报38213电池电量低警告或38200电池备份丢失警告时，意味着要进行电池的更换。（　　　）

2. 可以用压缩空气清洁工业机器人。（　　　）

3. 对于同一型号的工业机器人，不同轴可以使用相同代号的润滑油。（　　　）

4. 更换润滑油前要做好系统数据备份。（　　　）

5. 更换电池前，务必将工业机器人回零位，可以通过程序回零位或者手动回零位。（　　　）

二、填空题

1. 当剩余备用电量（手部断电）少于_____个月时，会报 38213 电池电量低警告。
2. 更换润滑油前工业机器人断_____、_____，现场禁止_____。
3. 更换润滑油前，调整好工业机器人_____，便于排油与换油。
4. 在清洁工业机器人之前，不要拆除任何_____或其他防护装置。

三、简答题

1. 简述更换电池的步骤和注意事项。
2. 简述工业机器人本体常规检查项目内容。

任务 2　工业机器人的安全操作认知

任务描述

　　在操作工业机器人之前，安全防护是至关重要的，维护人员需要了解工业机器人安全标准和安全操作规范，操作人员和维护人员在操作前应采取安全防护措施，如穿戴适当的防护装备、检查工业机器人工作区域是否有安全隐患等，以避免安全事故发生。

知识链接

一、安全标准

　　工业机器人的安全标准是非常重要的，因为它们涉及操作人员的安全和工业机器人的可靠性。国际上和国内都有一系列针对工业机器人的安全标准。

　　国际上，国际标准化组织（ISO）发布了一系列关于工业机器人的安全标准，包括 ISO 10218-1 和 ISO 10218-2，它们分别规定了工业机器人和工业机器人装置在工业环境中的安全要求和安全防护措施。此外，国际电工委员会（IEC）也发布了一系列与工业机器人相关的安全标准，如 IEC 60204-1 和 IEC 61508 系列。这些标准涵盖了电气安全、可编程电子系统安全和功能安全等方面的要求。

　　在国内，针对工业机器人的安全标准也正在逐步完善。我国已经颁布了多项与工业机器人相关的国家标准，其中比较重要的包括 GB/T 12642—2013《工业机器人性能规范及其试验方法》、GB/T 16855—2008《机械安全控制系统有关安全部件》等。此外，GB/T 36530—2018《机器人与机器人装备个人助理机器人的安全要求》等标准也对工业机器人的安全性能进行了规定。

二、工业机器人安全操作规范

（一）工业机器人本体安全操作规范

1. 关闭总电源

　　在进行工业机器人的安装、维护和保养时切记将要将总电源关闭。带电作业可能导致致命后果。不慎遭高压电击可能会导致心跳停止、烧伤或其他严重伤害。断电提示牌如图 4-8 所示。

2. 断开动力电

　　在进行故障诊断时，工业机器人有可能必须上电，但在排除故障时，必须断开旋转开关和工

图4-8 断电提示牌

业机器人动力电。不可带电维修，以防发生触电事故。在工业机器人的工作空间外必须有可以断开工业机器人动力电装置（图4-9）。

图4-9 维修时断开动力电

3. 与工业机器人保持足够的安全距离

在调试与运行工业机器人时，工业机器人可能会进行一些意外的或不规范的运动，并且所有运动都会产生很大的力量，从而严重伤害个人和（或）损坏工业机器人工作范围内的任何设备。因此，应时刻警惕并与工业机器人保持足够的安全距离（图4-10）。

（二）控制柜安全操作规范

工业机器人工作时，不允许打开控制柜的门，控制柜的门必须装有报警装置，在其被误打开时，必须强制停止工业机器人。伺服电动机工作时存在高压电，因此不可随意触摸伺服电动机，尤其是伺服电动机的出线端子，以防发生触电事故。维修伺服电动机时，必须待伺服电动机的power指示灯彻底熄灭，内部电容完全放电后才可维修，否则容易发生触电事故。控制柜的主电缆均为高压电缆，应远离这些电缆以及电缆上的电气元件，以防发生触电事故。控制柜内如有变压器，则应当远离变压器的周边，以防发生触电事故。即使控制柜的旋转开关已关断，也应注意控制柜内是否有残留电流，不可随意触摸、拆卸控制柜内部件。一定要注意，旋转开关断开的是开关电路，开关前面的部件依然带电，必要时应断开控制柜的电源。工业机器人控制柜如图4-11所示。

图4-10　与工业机器人保持足够的安全距离

图4-11　工业机器人控制柜

（三）投入运行安全操作规范

在功能检查期间，不允许有人员或物品留在工业机器人危险范围内。进行功能检查时必须确保工业机器人已置放并连接好，工业机器人上没有异物或损坏、脱落、松散的部件，所有安全防护装置及防护装置均完整且有效，所有电气接线均正确无误，外围设备连接正确，外部环境符合工业机器人操作指南中规定的允许值，必须确保工业机器人型号铭牌上的数据与制造商声明中登记的数据一致。运行中的工业机器人如图4-12所示。

图4-12　运行中的工业机器人

（四）自动运行安全操作规范

只有在实施以下安全措施的前提下，才允许使用自动运行模式。

（1）预期的安全防护装置都在相应位置，并且能起作用。

（2）程序经过验证，相关性能满足自动运行要求。

（3）在安全防护空间内不允许有人（图4-13），如工业机器人或附件轴停机原因不明，则只在已启动急停功能后方可进入危险区。

图4-13　安全防护空间内不允许有人

（五）运输安全操作规范

务必注意规定的工业机器人运输方式。必须按照工业机器人操作指南中的指示进行运输。运输机放置工业机器人时应使其保持竖直状态，避免运输过程中的振动或碰撞，以免对工业机器人造成损伤。工业机器人吊装示意如图4-14所示。

图4-14　工业机器人吊装示意

（六）维修安全操作规范

维修人员必须保管好工业机器人钥匙，严禁非授权人员在手动模式下进入工业机器人软新系统，随意翻阅或修改程序及参数，若发现某些故障或误动作，则维修人员在进入安全防护空间之前应进行故障排除或修复。若必须进入安全防护空间内维修，则工业机器人控制必须脱离自动操作状态；所有工业机器人系统的急停装置应保持有效。

三、工业机器人的使用要求

工业机器人可以完成一般人工操作难以完成的精密工作，如激光切割、精密装配等，因此其在自动化生产中的地位越来越重要。要充分发挥工业机器人的作用，必须在生产中恰当、正确地使用工业机器人。

（一）提高操作人员的综合素质

工业机器人的使用有一定的难度，因为它是典型的机电一体化产品，涉及的知识面较宽，操作人员应具有机、电、液、气等宽广的专业知识，所以对操作人员的素质要求很高。

（二）遵循正确的操作规程

工业机器人在第一次使用或长期不使用时，应先慢速手动操作其各轴进行运动（如有需要，还要进行机械原点的校准）。

工业机器人的操作规程既是保证操作人员安全的重要措施之一，也是保证设备安全、产品质量等的重要措施。操作人员在初次进行操作时，必须认真地阅读生产商提供的使用说明书，按照操作规程正确操作。

（三）尽可能提高工业机器人的开动率

工业机器人如果长期不用，可能由于受潮等原因加快电子元器件的变质或损坏，并出现机械部件的锈蚀问题。工业机器人应定期通电，空运行 1h 左右。

（四）用电的注意事项

在用电时，必须确认安全情况。

（1）安全护栏内不得有人员逗留。

（2）遮光帘、防护罩、卡具应在正确的位置。

（3）要逐个打开电源，随时确认工业机器人的状态。

（4）应确认警示灯的状态。

（5）应确认急停按钮的位置和功能。

（6）系统必须电气接地。

（7）在工业机器人断电 5min 内，不得接触控制柜或插拔工业机器人连接线。

（8）每次工业机器人上电前要对工业机器人及电缆进行检查，发现电缆有破损或老化现象要及时更换，不得带伤运行。

（五）工作前的点检

每天工作前，必须检查安全保护装置是否安全有效。

（1）检查示教器上的急停按钮是否有效。

（2）检查操作箱及工作区域内设置的所有急停按钮是否有效。

（3）检查安全护栏有无破损，安全护栏出入口处的连锁装置及安全插座等保护装置是否有效。

（4）检查焊接工业机器人焊装夹具连接处是否松动，气缸是否正常工作。

四、紧急情况处理

（一）停止系统

工业机器人工作区域内有工作人员、操作器械伤害了工作人员或损伤了机器设备时，应立即按下任意急停按钮（图4-15）。

（二）制动闸释放按钮

工业机器人各轴均带有制动闸，工业机器人停止时，制动闸使能。在某些情况下，需要手动释放制动闸，各型控制柜上的制动闸释放按钮可以完成此功能（图4-16）。

图 4-15　工业机器人急停按钮

图 4-16　IRC5 紧凑型控制柜上的制动闸释放按钮

（三）火灾应对

发生火灾时，应确保全体人员安全撤离后再灭火。应首先处理受伤人员。

当电气设备（例如工业机器人或控制柜）起火时，应使用二氧化碳灭火器。切勿使用水或泡沫灭火器。

 任务实施

一、工业机器人操作前安全防护

（一）穿戴适当的防护装备

根据操作环境和工业机器人的特点，穿戴符合安全要求的防护服、安全鞋、手套、护目镜等（图 4-17）。这些防护装备可以有效地减少意外接触、飞溅碎片等造成的伤害。

图 4-17　安全防护装备穿戴示意

（二）检查工业机器人工作区域

确保工业机器人工作区域内没有杂物、障碍物或其他人员（图4-18）。保持工业机器人工作区域整洁，以减少跌倒、绊倒等风险。

图4-18　工业机器人工作区域内没有杂物、障碍物或其他人员

（三）设置安全围栏和警示标识

在工业机器人工作区域周围设置明显的安全围栏（图4-19），并贴上警示标识，以提醒人们注意工业机器人操作的危险性。

图4-19　在工业机器人工作区域周围设置明显的安全围栏

（四）检查工业机器人的安全装置

确保工业机器人的安全装置（如急停按钮、安全门、光幕等）完好无损，并处于正常工作状态。这些装置可以在紧急情况下迅速停止工业机器人的运动，保护操作人员的安全。

（五）验证工业机器人的编程和控制系统

在操作前，验证工业机器人的编程是否正确、控制系统是否稳定可靠。确保工业机器人能够按照预定的路径和指令进行操作，避免意外动作或失控。

（六）进行安全培训和沟通

操作人员应接受相关的安全培训，了解工业机器人的操作原理、安全规程和应急措施。同时，与其他操作人员进行沟通，确保每个人都清楚自己的职责和安全要求。

（七）检查电源和电缆

确保工业机器人的电源连接正常，电缆没有损坏或裸露（图4-20）。避免电源故障或电缆问题导致工业机器人异常操作或出现电击风险。

图4-20 检查电缆

（八）实施工业机器人启动前的安全检查

在启动工业机器人之前，应进行一次全面的安全检查，以确保所有安全措施得到执行，工业机器人处于安全状态。

操作人员应根据实际情况，结合工业机器人的具体要求和工作环境，制定并执行相应的安全操作规程，确保操作过程安全可靠。

工业机器人
安全操作规
范（视频）

二、认识常用警示标识

常用警示标识见表4-7。

表4-7 常用警示标识

序号	警示标识	名称	含义
1		电气危险警告	针对可能会导致严重的人员伤害或死亡的电气危险的警告
2	危险	危险提醒	提示当前环境中可能存在危险

序号	警示标识	名称	含义
3		危险警告	警告误操作时有危险，可能发生事故，并导致严重或致命的人员伤害或严重的产品损坏
4		小心警告	警告如果不依照说明操作，可能发生能造成伤害或重大的产品损坏。它也适用于包括烧伤、眼睛伤害、皮肤伤害、听觉伤害、跌倒、撞击和从高处跌落等危险的警告。此外，安装和卸除有损坏产品或导致故障风险的设备时，它适用于包括功能需求的警告
5		警告	警告如果不依照说明操作，可能发生事故，该事故可造成严重的伤害（可能致命）或重大的产品损坏
6		静电放电（ESD）警告	警告静电放电（ESD）可能会导致产品严重损坏
7		注意	提示注意重要的事实和条件
8		提示	提示从何处查找附件信息或者如何以更简单的方式进行操作

项目评价表

　　各组展示任务完成情况，包括介绍计划的制定、任务的分工、工具的选择、任务完成过程视频、运行结果视频，整理技术文档并提交汇报材料，进行小组自评、组间互评、教师评价，完成项目评价表（表4-8）。

警示标识介绍

学习笔记

表 4-8　项目评价表

序号	评价项目	评价内容	分值	自评（35%）	互评（35%）	师评（30%）	合计
1	理论知识理解	正确阐述安全标准及本体维护计划	5				
		正确阐述工业机器人本体清洁的重点工作	5				
		正确阐述工业机器人安全操作规范	5				
2	实际操作技能	机器人本体清洁保养熟练、规范	5				
		机器人本体常规检查过程严肃认真、精益求精。	5				
		机器人操作前安全防护规范、正确	5				
3	专业能力	计划合理，分工明确。	10				
		爱岗敬业，具有安全意识、责任意识、服从意识	10				
		能进行团队合作、交流沟通、互相协作，能倾听他人的意见	10				
		遵守行业规范、现场“6S”标准	10				
		主动性强，保质保量完成被分配的相关任务	10				
		能独立思考，采取多样化手段收集信息，解决问题	10				
4	创新意识	积极尝试新的想法和做法，在团队中起到积极的推动作用	10				

练习与思考

一、判断题

1. 在进行工业机器人的安装、维护和保养时切记将要将总电源关闭。（　　）
2. 在工业机器人的工作空间外必须有可以关闭工业机器人动力电的装置。（　　）
3. 工业机器人工作时，可以打开控制柜的门。（　　）
4. 所有工业机器人的操作规程都是一样的。（　　）

二、简答题

1. 工业机器人安全操作规范有哪些?

2. 操作工业机器人前要做哪些防护工作?

项目五　典型品牌工业机器人维护保养

 项目引入

在汽车生产线中，常使用新松和 FANUC 装配工业机器人。为了确保工业机器人安全、稳定地运行，以小组为单位，对工业机器人进行维护保养，延长其使用寿命并提高其性能。

学习目标

【知识目标】

(1) 能正确阐述新松和 FANUC 工业机器人的结构。

(2) 能正确阐述新松和 FANUC 工业机器人的维护保养内容。

(3) 能正确阐述新松和 FANUC 工业机器人的维护安全内容。

(4) 能正确阐述不同品牌工业机器人常见的故障排除方法。

【技能目标】

(1) 能对工业机器人进行通电和关电操作。

(2) 能更换工业机器人轴电动机。

(3) 能更换工业机器人电缆和气管。

【素养目标】

(1) 培养学生良好的思维方式和合理的工作习惯，提升学生综合运用所学知识分析问题和解决问题的能力。

(2) 引导学生在团队环境中有效工作，分享知识，解决问题，并共同完成项目。

(3) 培养学生良好的职业素养，包括工作责任心、质量意识、安全意识等。

项目实施

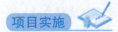

任务1　新松工业机器人维护保养

 任务描述

了解新松工业机器人的结构。以常见机型为例对新松工业机器人进行常见维护保养操作。通过更换轴电动机和更换电缆和气管，对新松工业机器人各部件的维护保养要求有深入的了解。

知识链接

新松机器人自动化股份有限公司（以下简称"新松公司"）是国内最大的工业机器人产业化基地，在北京、上海、杭州、深圳及沈阳设立了五家控股子公司。新松公司连续被评为"机器人国家工程研究中心""国家认定企业技术中心""国家 863 计划机器人产业化基地""国家博士后科研基地""全国首批 91 家创新型企业",起草并制定了多项国家与行业标准。

一、新松工业机器人机型概要

新松公司成立于 2000 年,隶属于中国科学院。经过 17 年的创新发展,新松公司已经成长为一家以工业机器人技术为核心、致力于全智能产品及服务的高科技上市企业,是世界工业机器人产业线最全、产品种类最多、应用领域最广的企业。目前,新松公司拥有由 3 000 余人组成的全球顶尖创新团队,形成以自主核心技术、核心零部件、领先产品及行业系统解决方案为一体的完整全产业价值链。

目前,新松机器人产品线涵盖工业机器人、移动机器人、洁净(真空)机器人、协作机器人、医疗服务机器人五大系列,其技术与产品多次打破国外垄断,改写了中国工业机器人只有进口、没有出口的历史,创造了 108 项工业机器人行业的第一。

(一)工业机器人

新松工业机器人产品创造了中国工业机器人产业发展史上的 88 项第一,产品性能达到国际同类产品技术水平,系列产品包括 4kg、6kg、10kg、20kg、35kg、50kg、80kg、160kg、165kg、210kg、300kg、500kg 等,应用领域覆盖点焊、弧焊、搬运、码垛、装配、打磨、抛光、喷涂、上下料等(图 5-1)。

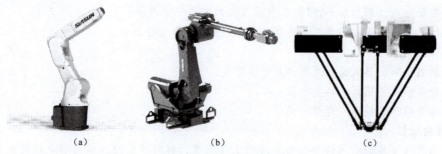

(a)　　　　　　　　　　(b)　　　　　　　　　　(c)

图 5-1　新松工业机器人

(a)新松 SR7CL 工业机器人;(b)新松 SR120D 工业机器人;(c)新松 SRBD500 并联工业机器人

(二)移动机器人

新松公司是中国最早研发并持续深耕于移动机器人领域的企业,其核心研发团队早在 20 世纪 80 年代就开始了对移动机器人的系统性研究。新松移动机器人从控制系统、导航技术到核心零部件全部自主可控,技术水平和市场占有率均位居世界领先水平。

新松移动机器人产业拥有 20 余年产品研发及工程项目应用经验,致力于为全球客户提供移动机器人产品的方案、研发与设计、制造、安装调试及技术服务的全部流程,非标定制能力突出。其移动机器人创新技术积累及产品高端市场占有率均位居世界领先地位,并开创国产移动机器人出口的先河。新松公司现已研发出十大类百余款移动机器人产品,覆盖全行业全场景化应用,是移动机器人产品线最全的企业。

1. 工业清洁机器人

新松"星卫来"工业清洁机器人专为工业清洁场景开发,集工业清洁和智能服务于一体,有效解决了传统工业清洁作业中存在的劳动强度高、智能化程度低、生产与清洁作业相互冲突等难题。"星卫来"工业清洁机器人采用新松公司首创的"大规模集中调度+机器人智能控制"相结合的混合导航方式,兼顾生产安全及清洁效率,可以与工厂内的移动机器人、自动化设备协调作业，适合智能化无人工厂、IC 装备车间、新能源电池生产车间等多场合使用。新松"星未来"工业清洁机器人生产场地如图 5-2 所示。

图 5-2　新松"星未来"工业清洁机器人生产场地

2. 汽车总装机器人

汽车总装机器人（图 5-3）广泛应用于汽车、新能源汽车行业中白车身整体底盘、前后桥总成总装环节。汽车总装机器人运用动态随行技术，实现与车身的动态跟随和同步，完成汽车底盘和白车身的合装作业，可以根据客户现场实际使用情况，定制搭配不同数量的举升单元，包括单举升、双举升、三举升等。目前，新松公司开发的双举升合装机器人，在国内汽车总装生产线上的市场占有率遥遥领先，并出口 20 余个海外知名汽车企业。通用、丰田、路虎、本田、福特等国际知名汽车企业均使用新松公司的汽车总装机器人完成汽车装配。

图 5-3　汽车总装机器人

3. 新能源锂电池物流机器人

新松公司是我国第一家将移动机器人应用于新能源电池生产的企业，也是多家全球知名新能源锂电池企业的首选移动机器人供应商。新松新能源锂电池物流机器人（图 5-4）解决了电池卷料加工过程中难以精准对接的痛点，该机器人有多达 7 个自由度，对接精度可达 ±1mm。V 形槽移动机器人专为运送箔材卷料而设计，采用复合导航方式，通过调整 V 形槽位置可兼容长度为 1 300～1 700mm 的多类型卷料。新松新能源锂电池物流机器人高度注重应用现场定位的精准度、与整体生产节拍的协调性、调度系统的稳定性以及数据采集的准确性，满足新能源电池行业对安全性、一致性、可靠性的特殊要求。

图 5-4　新能源锂电池物流机器人

（三）洁净（真空）机器人

新松洁净自动化系列产品经过 10 多年的技术沉淀已形成系列化单体产品，同时注重模块化单元及设备平台建设，以成套化和规模化为发展目标，拥有 100 余人的专业研发团队，在沈阳拥有 5 000m² 的净化间，目前主要应用领域覆盖 IC 装备、平板显示、光伏、电子等行业，能够为客户提供完整的技术解决方案和交钥匙工程，完全拥有自主知识产权和核心技术，技术水平国内领先，达到国际先进水平。真空传输平台 Diagram 600 如图 5-5 所示。真空机械手 SM11 如图 5-6 所示。

图 5-5　真空传输平台 Diagram 600

图 5-6　真空机械手 SM11

（四）协作机器人

新松公司聚焦于协作机器人系列化产品的自主研发和生产，构建了基于 DUCO COBOT 协作机器人、DUCO AMR 智能移动机器人、DUCO Mind 智能应用控制器、DUCO Core 操作系统和 DU-CO Cloud 云平台技术的产品服务体系。其产品通过 CE 和 SEMI 认证，凭借智能、安全、稳定等特点，广泛应用于汽车、能源、半导体、3C、食品药品、教育科研等多个行业，出口东南亚、北美、欧洲等数十个国家与地区，品牌影响力享誉全球。GCR 系列 GCR10-2000 如图 5-7 所示。GCR 系列 GCR14-1400-Ex 如图 5-8 所示。

图 5-7　GCR 系列 GCR10-2000　　　图 5-8　GCR 系列 GCR14-1400-Ex

（五）医疗服务机器人

新松公司面向人民生命健康开展技术创新，自主研发多系列医疗康复机器人、医院物品配送机器人（图 5-9）、室内巡检机器人（图 5-10）智能助行器等医疗民生产品，打造智慧康养、医院物流、医疗康复、货物盘点、安保巡检等行业系统解决方案，拥有多项行业领先的自主知识产权核心技术。

图 5-9　医院物品配送机器人　　　图 5-10　室内巡检机器人

二、新松工业机器人结构

新松机器人主要包括工业机器人本体、控制柜、示教器三部分。配件有控制柜与工业机器人本体的电缆，包括编码盘电缆、动力电缆，还有为整个系统供电的电源电缆、变压器电缆。图 5-11 所示为新松工业机器人结构。

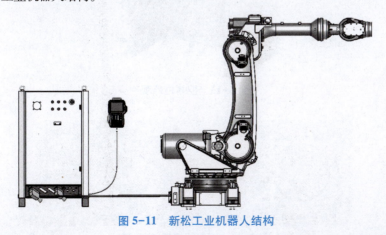

图 5-11　新松工业机器人结构

（一）工业机器人本体

工业机器人本体上一般有 6 个轴，6 个轴都是旋转轴，分别以 J1~J6 标识在工业机器人本体上。也有 2~5 轴工业机器人。工业机器人本体及各轴运动示意如图 5-12 所示。

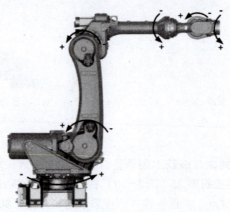

图 5-12　工业机器人本体及各轴运动示意

（二）控制柜

1. 控制柜外观

新松工业机器人控制柜前面板上有控制柜电源开关、门锁以及各按钮/指示灯，示教器悬挂在按钮下方的挂钩上，控制柜底部是连接电缆接口（图 5-13、图 5-14）。

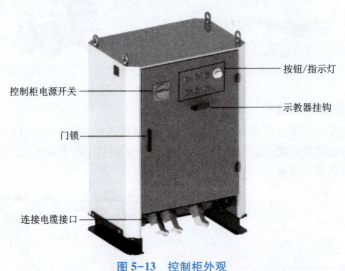

图 5-13　控制柜外观

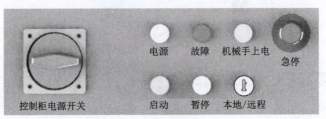

图 5-14　控制柜按钮/指示灯

2. 控制柜按钮/指示灯介绍

1）控制柜电源开关

控制柜电源开关用于控制柜电源的通断控制。

2）电源

该指示灯指示控制柜电源已经接通。当控制柜电源接通后，该指示灯亮。

3）故障

该指示灯指示工业机器人处于报警或急停状态。当工业机器人控制系统报警时，该指示灯亮；当报警解除后，该指示灯熄灭。

4）机械手上电

在示教模式下，伺服驱动单元上动力电，再按3挡使能开关，给伺服电动机上电，该指示灯亮；在运行模式下，伺服驱动单元及伺服电动机同时上电，该指示灯亮。

5）启动

它既是按钮又是指示灯。在运行模式下，按下该按钮指定程序自动运行。当程序自动运行时，该指示灯亮。

6）暂停

它既是按钮又是指示灯。在运行模式下，按下该按钮暂停正在自动运行的程序，再次按下启动按钮，程序可以继续运行。当程序处于暂停状态时，该指示灯亮。

7）本地/远程

它是可旋转开关。当旋转至"本地"时，工业机器人自动运行由控制柜按钮实现；当旋转至"远程"时，工业机器人自动运行由外围设备控制实现。

8）急停

按下该按钮时，伺服驱动单元及伺服电动机动力电立刻被切断，如果工业机器人正在运行，则立刻停止运行，停止时没有减速过程；旋转拔起该按钮可以解除急停。在非紧急情况下，如果工业机器人正在运行，则应先按下暂停按钮，不要在工业机器人运行过程中直接关闭电源或按下急停按钮，以免对机械造成冲击损害。

3. 控制柜电源开关

（1）打开控制柜电源的步骤见表5-1。

表5-1　打开控制柜电源的步骤

序号	操作步骤	示意图
1	确认控制柜电源的状态为OFF	
2	顺时针旋转控制柜电源开关，打开控制柜电源	

序号	操作步骤	示意图
3	等待开机初始化界面	SIASUN 新松

注：
①开机后进入初始化界面并没有报警信息时，表示系统启动正常；否则应查找故障原因。
②如需关机后重启，则需在关机后等待至少30s再重启。
③部分软件版本为方便客户使用，开机后自动进入主作业界面

（2）关闭控制柜电源的步骤见表5-2。

表5-2　关闭控制柜电源的步骤

序号	操作步骤	说明及示意图
1	停止工业机器人的运行	如果工业机器人正在运行，则先按下暂停按钮，在正常情况下不要在工业机器人运行过程中直接关闭电源或按下急停按钮，以免对机械造成冲击损害
2	按下急停按钮	断开控制柜动力电源
3	逆时针旋转控制柜电源开关，关闭控制柜电源	

（3）打开控制柜门的步骤见表5-3。

表5-3　打开控制柜门的步骤

序号	操作步骤	示意图
1	确认控制柜电源的状态为OFF	
2	插入控制柜门钥匙，逆时针旋转180°，按下锁柄下方的弹簧钮，锁柄自动弹起，逆时针旋转90°	
3	逆时针旋转控制柜电源开关约30°，拉开控制柜门	

（三）示教器

示教器是人机交互设备。利用示教器，操作人员可以操纵工业机器人运动、完成示教编程、实现对系统的设定、进行故障诊断等。示教器外观如图 5-15 所示。示教器按钮（键）示意如图 5-16 所示。

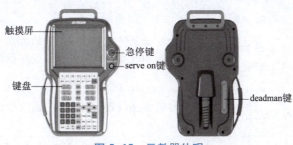

图 5-15　示教器外观

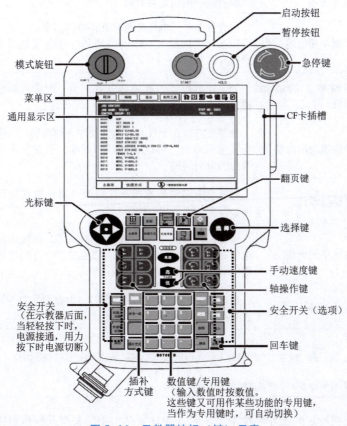

图 5-16　示教器按钮（键）示意

三、新松工业机器人维护保养

（一）新松工业机器人维护清单

定期维护工业机器人是非常必要的，这不仅能保证设备在很长时间内保持正常工作，还能防止误操作和确保操作安全。新松工业机器人维护清单见表5-4。

表 5-4　新松工业机器人维护清单

频率	检查项目	具体检查内容	维护人员		
			指定人员	技术人员	服务人员
每天	振动、异常噪声，以及电动机过热	检查滑台的运动情况，其应沿导轨方向平稳运动，无异常振动或噪声。另外，检查电动机的温度是否过高	√	√	√
	更改的可重复性	检查滑台的停止位置，其不应与前次的停止位置偏离	√	√	√
每3个月	零位置标志	检查零位置标志是否完好，是否损坏或丢失	√	√	√
	急停按钮	检查急停按钮是否有效	√	√	√
	控制单元电缆	检查控制单元电缆是否存在不恰当扭曲；检查工业机器人本体内电缆和连接电缆是否有磨损和破裂		√	√
	控制单元的通风部分	如果控制单元的通风部分有灰尘，则应切断电源并清理		√	√
	导轨滑块润滑脂	推荐用户每3个月向导轨滑块注入润滑脂，以保证其使用寿命。可以根据使用频率，调整注入润滑脂的时间间隔		√	√
每6个月	易锈蚀零件	对所有未喷漆的螺母、螺钉及金属件涂抹防锈油，防止长期使用后生锈		√	√
每年	机械单元电缆	检查机械单元电缆的插座是否损坏、机械单元电缆是否过度弯曲或出现异常扭曲。检查电动机连接器和连接器面板是否连接牢靠			√
	每个部件	清理每个部件（移去芯片等），检查每个部件是否存在问题或缺陷			√

注：
①维护人员分为三级，第一级是用户授权的人员（指定人员），第二级是受过专门训练的技术人员；第三级是服务公司的服务人员。
②非表格中规定人员不得进入非职责范围内进行维护工作

当工业机器人在特定的工作环境中工作时，在日常维护中需要对某些项目格外关注。

1. 扬尘环境（如焊接车间、粉袋码垛车间等）
清理灰尘，防止工业机器人控制柜中的灰尘导电或堵死风扇、影响关节润滑、堵塞注油孔。

2. 黏滞物环境（如喷漆喷胶车间等）
清理黏滞物或更换罩衣，防止工业机器人关节黏滞、零位警示标识被遮盖、示教器触摸屏污损。

3. 腐蚀环境（如电镀车间、硫化车间等）
定期清除漆面鼓包并补漆，清理金属表面的腐蚀衍生物，防止工业机器人本体腐蚀损伤。

4. 潮湿环境（如机床上下料车间、清洗车间、水切割车间等）

及时擦除滴水、蒸汽或冷却液，防止机械生锈而损伤内部构造。

5. 高温环境（如铸造车间、锻造车间等）

检查工业机器人本体表面有无掉漆、渗油、缺油现象并提高润滑脂注入频率，防止工业机器人本体烤炙造成润滑脂缺失。

6. 低温环境

检查工作环境温度是否达到使用温度，做好设备预热，防止低温损伤。

7. 振动环境（如冲压车间等）

检查工业机器人紧固螺钉紧度是否正常，防止紧固螺钉松脱导致连接失效。

（二）常规维护操作

1. 控制柜的维护

1）检查控制柜风扇

若控制柜风扇转动不正常，则控制柜内温度会升高，工业机器人系统会出现故障，因此应检查控制柜风扇运转是否正常。检查内容如下。

（1）控制柜风扇是否转动顺畅。

（2）控制柜风扇转动时是否有明显噪声。

（3）控制柜风扇扇叶上是否有明显的灰尘及杂物。

2）检查控制柜内是否有异常振动及噪声

检查控制柜内是否有异常振动及噪声，如果有，则查找异常振动及噪声的来源。

3）检查急停按钮

每月定期检查急停按钮，确保急停按钮有效，能够起到急停的作用。

4）检查控制柜门锁

控制柜是全封闭的构造，外部灰尘无法进入控制柜。要确保控制柜门在任何情况下都处于完好关闭状态（即使在控制柜不工作时）。

开关控制柜门时，必须将开关手柄置于 OFF 状态后，用钥匙开关控制柜门锁（顺时针是开，逆时针是关）。

打开控制柜门时，检查控制柜门边缘部位的密封垫有无破损。

检查控制柜内部是否有异常污垢。如有，则在查明原因后尽早清扫。

在控制柜门关好的状态下，检查其有无缝隙。

5）检查控制柜电源开关

打开控制柜，使用万用表检查控制柜电源开关的输入端相间电压，检查在控制柜电源开关关闭的情况下输出端的相间电压是否为 0V，以及在控制柜电源开关打开时，输出端的相间电压是否正常。

2. 示教器的维护

每次使用完示教器后，要将示教器及示教器电缆悬挂在控制柜门上的示教器挂钩上，养成良好的习惯有利于避免碰撞、摔打、踩踏、磕绊等诸多原因造成的示教器损坏。

每月定期检查急停按钮，确保急停按钮有效。

示教器后面有使能开关，在示教模式下，用使能开关确认给机械手上电（当轻握使能开关时，伺服电动机是开的状态，如用力过大或松开使能开关，则伺服电动机将变为关的状态），根据按键力度分别测试其机械性能是否完好。

确认上电按钮按下时无故障，松开后可立即弹起。

3. 变压器的维护

每月检查变压器风扇是否正常旋转。

每月检查变压器的电压表指针在通电时是否正常指向 220V 输出电压，如果指针指示不正常或指针不动，则要查明原因并在变压器明显位置贴警示标识，并尽快更换变压器的电压表。

4. 驱动装置的维护

采用下述步骤，每 6 000h 补充润滑脂，每 12 000h 更换所有轴的润滑脂，即 J1～J6 轴齿轮箱、减速器的机械腕润滑脂。不同型号润滑脂的使用见表 5-5。

表 5-5　不同型号润滑脂的使用

系列	润滑脂	
	协同润滑脂 MOLYWHITE RE00	新松专用润滑脂 XS-LI00M
轻载工业机器人		√
次轻载工业机器人		√
中载工业机器人		√
重载工业机器人		√
码垛工业机器人	√	

1）J1～J6 轴润滑脂更换步骤

（1）将工业机器人移动至需要润滑位置。

（2）切断电源。

（3）移去出油孔的密封油堵。

（4）提供新的润滑脂，直至新的润滑脂从出油孔溢出。

（5）使工业机器人高速运行 5min，排出多余油脂和空气。

（6）将密封螺栓上到出油孔，重新使用密封螺栓时，用螺纹防松胶密封螺栓。

2）注意事项

如果未能正确进行润滑脂更换操作，则润滑脂室的内部压力可能突然增加，有可能损坏密封部分，从而导致润滑脂泄漏和异常操作。因此，在进行润滑脂更换操作时，应注意以下问题。

（1）进行润滑脂更换操作之前，打开出油孔（移去出油孔的插头或螺栓）。

（2）缓慢地提供润滑脂，不要过于用力，使用手动泵。

（3）仅使用新松专用润滑脂。如果使用指定类型之外的其他润滑脂，可能损坏减速器或导致其他问题。

（4）润滑脂更换完成后，确认在出油孔处没有润滑脂泄漏，随后关闭出油孔。

（5）为了防止意外，应将地面和工业机器人上的多余润滑脂彻底清除。

5. 管线包的维护

210kg 工业机器人除可应用在码垛、搬运等领域，其主要搭载伺服点焊机构（伺服焊钳管线包）应用在点焊生产线上。下面主要介绍伺服焊钳管线包（以下简称"管线包"）的配置、维护等内容。

1) 管线包的配置

管线包走线模型如图 5-17 所示。

图 5-17　管线包走线模型

（1）管线包走线 J3 轴以下部分采用约束带防护。

（2）管线包走线由若干绑线卡子固定，在固定前缠绕绑线橡胶。

（3）J4 轴选用防护罩内部走线方案，防护罩内壁及大筒表面贴有防磨胶带。

（4）J4 轴以上用弹簧进行防护，每段弹簧和管线包走线分别进行固定。

（5）管线包走线在底座和 J3 轴处分线，电缆在电缆分线箱中分线，水管在水管接头处分线。

（6）工业机器人前端弹簧在 J5 轴处安装旋转装置。

（7）工业机器人末端法兰装有焊钳转接件。

2) 管线包日常检查

执行日常系统操作之前，用肉眼检查部件是否存在损坏情况。管线包走线要随工业机器人各轴运转灵活，无摩擦、不缠线现象，各零部件运转无异常噪声。

3) 管线包定期检查

工业机器人运行 12 个月以上后要检查各零部件的运转情况，具体说明如下。

（1）检查管线包整体零部件有无缺失或损坏，如有要及时补全和更换。

（2）检查螺钉拧紧情况，保证各螺钉紧固。

（3）检查各绑线橡胶是否有老化或磨损现象，如有要及时更换。

（4）检查约束带有无破损，如有要及时更换。

（5）对 J4 轴防护罩内弹簧表面进行清理并重新涂抹润滑脂，检查内壁的防磨胶带破损情况。

J4 轴防护罩内部视图如图 5-18 所示。

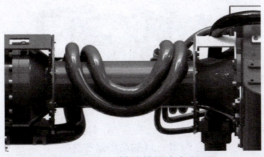

图 5-18　J4 轴防护罩内部视图

项目五　典型品牌工业机器人维护保养 ■ 189

（6）检查 J3 轴电缆分线箱，J3 轴电缆分线箱（图 5-19）上盖内侧贴有密封条，检查密封条的老化情况，如有破损需要及时更换。

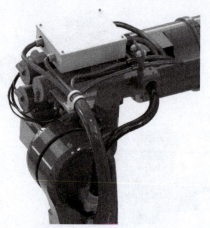

图 5-19　J3 轴电缆分线箱

（7）检查弹簧旋转件的运转情况（图 5-20），保证其旋转灵活，没有异常噪声。

图 5-20　弹簧旋转件

（8）J4 轴防护罩贴有两个密封条（图 5-21），检查中如发现有磨损严重的情况，要及时更换密封条。

图 5-21　J4 轴防护罩密封条

6. 用 U 盘备份作业

（1）U 盘需要为 FAT32 格式。

（2）打开控制柜，在其主板上有 2 个 USB 接口，如图 5-22 所示，使用任意 USB 接口都可以。

（3）使用示教器进入高级用户，具体方法请见操作手册。

（4）在示教模式下按功能（F4）→备份（F1）→USB→上载（此时显示系统挂载成功）→作业（注：这里的上载指的是将作业上载至 U 盘）。

（5）选择作业，按回车键。

（6）一直单击"退出"按钮，直到显示系统卸载成功。

（7）拔下 U 盘，将后缀为".job"的文件复制到计算机中。

恢复作业与备份作业的步骤相似，只是在步骤（4）中改为选择下载。

图 5-22　控制柜主板上的 USB 接口

四、新松工业机器人维护安全

在维护过程中，操作人员的安全始终是最重要的。在保证现场人员安全的基础上，应尽量保证设备安全运行。工业机器人工作过程中安全优先级别如下：

人员>外部设备>机器人>工具>加工件

为了保证维护过程中操作人员与设备的安全，需要采取以下安全措施。

（一）在生产前进行安全培训

所有操作人员、编程人员、维护人员以及其他人员均应经过企业组织的课程培训，学习工业机器人的正确使用方法。通过安全培训和采取安全保护措施保证工作场所内人员的安全。未经过培训的人员不得操作工业机器人。

（二）严格遵守现场操作安全规定

现场维护人员执行维护任务时需遵守以下操作安全规定。

（1）不得戴手表、手镯、项链、领带等饰品，也不得穿宽松的衣服，因为操作人员有被卷入运动的工业机器人的可能。长发人士应妥善处理头发后再进入工业机器人工作区域。

（2）不要在工业机器人附近堆放杂物，保证工业机器人工作区域整洁，使工业机器人处于安全的工作环境中。

（三）严格坚持安全操作原则

1. 示教过程中的安全操作原则

（1）采用较低的运行速度，每次执行一步操作，使程序至少运行一个完整的工作循环。

（2）采用较低的运行速度，连续测试，每次至少运行一个完整的工作循环。

（3）以合适的增幅不断提高工业机器人运行速度，直至实际应用的运行速度，连续测试，至少运行一个完整的工作循环。

2. 检查期间的安全操作原则

检查工业机器人时，应确认以下内容。

（1）关闭控制柜电源。

（2）切断压缩空气源，解除空气压力。

（3）如果在检查电气回路时不需要工业机器人运动，则按下操作面板上的急停按钮。

（4）如果检查工业机器人运动或电气回路时需要电源，则必须在紧急情况下按下急停按钮。

3. 维护期间的安全操作原则

在执行维护任务时，应坚持以下原则。

（1）当工业机器人处于运行状态时，不要进入工业机器人工作区域。

（2）在进入工业机器人工作区域之前，仔细观察工作单元，确保安全。

（3）在进入工业机器人工作区域之前，测试示教器的工作是否正常。

（4）如果需要在接通电源的情况下进入工业机器人工作区域，则必须确保能完全控制工业机器人。

（5）在绝大多数情况下，在执行维护操作时应切断电源。打开控制器前面板或进入工业机器人工作区域之前，应切断控制柜的三相电源。

（6）移动伺服电动机或制动装置时请注意，如果工业机器人臂部未支撑好或因硬停机而中止运动，则相关的工业机器人臂部可能落下。

（7）更换和安装零部件时，不要让灰尘或碎片进入系统。

（8）更换零部件时应使用指定的品牌与型号。为了防止对控制柜中零部件的损害，不要使用未指定的零部件。

（9）重新启动工业机器人之前，确保在工业机器人工作区域内没有人员，确保工业机器人和所有外部设备均工作正常。

（10）为维护任务提供恰当的照明。注意，所提供的照明不应产生新的危险因素。

（11）如果需要在检查期间操作工业机器人，则应留意工业机器人的运动情况，并在必要时按下急停按钮。

（12）电动机、减速器、制动电阻等零部件在工业机器人正常运行过程中会产生大量的热，存在烫伤风险。在这些零部件上工作时应穿戴防护装备。

（13）更换零部件后，务必使用螺纹防松胶固定螺钉。

（14）更换零部件或进行调整后，应按照下述步骤，测试工业机器人的运行情况。

①采用较低的速度，单步运行程序，至少运行一个完整的工作循环。

②采用较低的速度，连续运行程序，至少运行一个完整的工作循环。

③提高速度，路径有所变化。以5%～10%的速度间隔，以最大99%的速度运行程序。

④使用设定好的速度连续运行程序，至少运行一个完整的工作循环。进行测试前，确保所有人员均位于工业机器人工作区域外。

（15）维护完成后，清理工业机器人附近区域的杂物、油、水和碎片。

（四）关注工业机器人电气维护安全注意事项

操作及维护人员应关注以下注意事项。

（1）控制柜门应锁闭，只有具有资格的人才有钥匙打开控制柜门进行操作。

（2）打开控制柜门时需要佩带防静电腕带。

（3）安装工业机器人时，为了方便操作，建议将控制柜安装在安全围栏外，当进入安全围栏进行维护时，控制柜上应有维修警示标识。

（4）有关电气的维护应该在控制柜电源关闭的情况下进行，在特殊情况下，需要在上电时必须按照设备手册操作，带电作业有可能造成人身伤害、设备损坏。

（5）操作控制柜上的按钮及开关的人员必须具有相关资格（急停按钮除外），不清楚按钮或开关的含义而进行操作可能造成人身伤害及设备损坏。

（6）必须由具有资格的人员操作示教器，否则可能造成人身伤害、设备损坏。

（7）打开控制柜时必须仔细阅读设备手册后再操作。

（五）采取安全防范措施

1. 编程方面的安全防范措施

（1）在控制系统中设置好软限位功能，确保工业机器人的动作范围在安全区域内。

（2）在程序中实施"故障例行步骤"，如果外部设备出现故障，则为工业机器人提供恰当的执行动作。

（3）使用握手协议，同步工业机器人操作和外部设备操作。

（4）为工业机器人进行编程设置，在工作周期内，检查所有外部设备的状况。

2. 机械方面的安全防范措施

（1）检查工作单元后面的硬限位开关，确保其无故障。

（2）确保工业机器人工作区域清洁，无油污、水和碎片。

（3）使用机械式硬停止装置，以防止工业机器人出现不可预见的动作。

任务实施

一、更换轴电动机

（一）拆除

（1）切断电源，拆卸基座上的盖板。

（2）由于拆卸电动机可能使工业机器人受重力影响而坠落，所以在拆卸前应确保工业机器人已被支撑好，处于安全状态。

（3）拧下固定电动机的制动螺钉。

（4）将电动机从基座垂直拉出，注意不要损坏齿轮的表面。

（5）清理流出的润滑脂。

（6）从电动机轴上拆卸减速器安装螺栓，拆卸减速器输入轴。

（7）清除基座上电动机安装面端面密封。

新松工业机器人常见的故障处理

（二）装配

（1）将减速器输入轴安装到电动机轴上。

（2）在基座上电动机安装面涂抹端面密封胶，注意涂抹均匀。

（3）将电动机垂直安装到基座上，注意不要损坏减速器输入轴的齿轮表面。

（4）安装固定电动机的制动螺钉。

（5）除去电动机周围多余端面密封胶。

（6）注入润滑脂。

（7）安装连接电动机的电缆。

（8）接通电源，执行校零操作。

二、更换电缆和气管

（1）更换电缆或气管前，所有轴均应置于零位。

（2）切断电源。

（3）打开工业机器人基座末端面板，将工业机器人需要更换的电缆在接头根部剪断（气管从快插接口内拆下）。

（4）打开工业机器人本体上固定电缆及管线的机械装置，拆下需要更换电缆经过的位置的盖板。

（5）从工业机器人 J1 轴轴孔中抽出需要更换的电缆，注意捋顺，防止电缆缠在一起。

（6）按旧电缆的型号、长度制作电缆，安装接头（电缆应选择相同的工业机器人专用电缆）。

（7）从电动机处开始安装电缆，一直到基座末端面板，注意电缆不要缠绕扭曲，否则会缩短电缆使用寿命。

（8）紧固固定电缆的机械装置，机械装置与电缆的相对位置应与拆卸前相同，防止安装不当导致电缆损坏。

（9）重新安装拆卸的盖板，安装基座末端面板。

练习与思考

一、填空题

1. 新松工业机器人主要包括_____、_____、_____三部分。

2. 在非紧急情况下，如果工业机器人正在运行，则先按下_____，不要在工业机器人运动过程中直接关闭电源或按下急停按钮，以免对机械造成冲击损害。

3. 工业机器人本体的电缆包括_____电缆、_____电缆，还有为整个系统供电的_____电缆。

二、选择题

1. 插入控制柜门钥匙，逆时针旋转（   ），按下锁柄下方的弹簧钮，锁柄自动弹起，逆时针旋转（   ）。逆时针旋转控制柜电源开关约（   ），可拉开控制柜门。

A. 180°   B. 90°   C. 30°

2. 新松工业机器人控制柜前面板上有（   ），示教器悬挂在按钮下方的示教器挂钩上，控制柜底部是连接电缆接口。（多选）

A. 控制柜电源开关   B. 控制柜门锁   C. 各按钮/指示灯

三、判断题

1. 所有操作人员、编程人员、维护人员以及其他人员均应经过企业组织的课程培训，学习工业机器人的正确使用方法。通过安全培训和采取安全保护措施保证工作场所内人员的安全。未经过培训的人员不得操作工业机器人。（   ）

2. 打开控制柜门时，不需要佩带防静电腕带。（   ）

3. 在绝大多数情况下，在执行维护任务时应切断电源。打开控制柜前面板或进入工业机器人工作区域之前，应切断控制柜的三相电源。（   ）

四、简答

工业机器人行业的人才需求是怎样的？

工业机器人
行业的人才
需求

任务 2　　FANUC 工业机器人维护保养

任务描述

了解 FANUC 工业机器人机型和产品结构；对 FANUC 工业机器人进行常见维护操作；了解 FANUC 工业机器人的安全操作规程，确保操作过程的安全性。通过 FANUC 工业机器人本体电缆的更换，可以进一步熟悉 FANUC 工业机器人的结构特点和维护要求，为后续的 FANUC 工业机器人维护保养工作打下基础。

知识链接

一、FANUC 工业机器人概要

截至 2019 年，FANUC 工业机器人累计生产台数已经超过 59 万台。FANUC 工业机器人品种丰富，从可搬运质量为 0.5kg 的拳头机器人到可搬运质量为 2 300kg 的重负载搬运机器人，有超过 260 种型号可供选择。

（1）协作机器人。FANUC 旗下协作机器人主要有 FANUC CR-4iA（图 5-23）、FANUC CR-7iA、FANUC CR-15iA、FANUC CR-35iA 这四种型号。

图 5-23　FANUC CR-4iA

（2）迷你机器人、SCARA 机器人、Genkotsu 机器人。FANUC 旗下的迷你机器人、SCARA 机器人、Genkotsu 机器人主要是 FANUC LR Mate 200iD（图 5-24）、FANUC ARC Mate 50iD、FANUC SR-3iA、FANUC M-10、FANUC M-3iA 这五种型号。

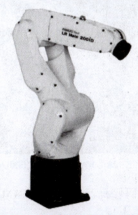

图 5-24　FANUC LR Mate 200iD

（3）弧焊机器人，中小型机器人。FANUC 旗下的弧焊机器人，中小型机器人主要有 FANUC ARC Mate 100iD、FANUC M–10iD、FANUC ARC Mate 100iC、FANUC M–10iA、FANUC ARC Mate 120iC、FANUC A–20iA、FANUC M–20iB、FANUC M–710iC、FANUC R–1000iA（图 5–25）这九种型号。

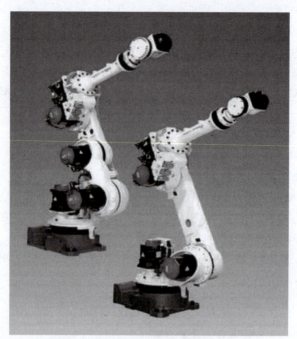

图 5–25　FANUC R–1000iA

（4）大型机器人。FANUC 旗下的大型机器人主要有 FANUC R–200iC、FANUC R–200iB、FANUC M–900iA、FANUC M–2000iA（图 5–26）这四种型号。

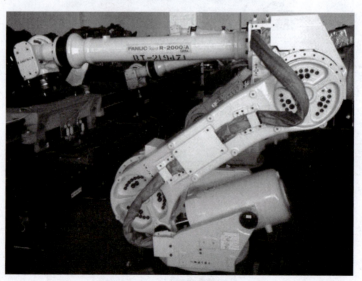

图 5–26　FANUC M–2000iA

（5）码垛机器人。FANUC 旗下的码垛机器人主要有 FANUC M–410iC（图 5–27）、FANUC M–410iB、FANUC F–200iB 等几种型号。

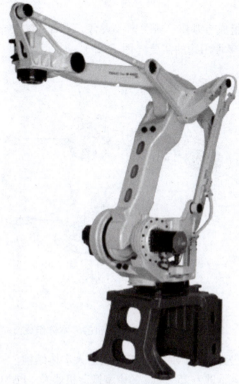

图 5-27　FANUC M-410iC

（6）喷涂机器人。FANUC 旗下的喷涂机器人主要有 FANUC P-40iA（图 5-28）、FANUC P-350iA 、FANUC P-250iB 等几种型号。

图 5-28　FANUC P-40iA

二、FANUC 工业机器人结构

FANUC 工业机器人由工业机器人本体、控制柜、示教器三部分组成。

（一）工业机器人本体

FANUC 工业机器人有 6 轴工业机器人和并联工业机器人，其本体结构与其他品牌基本相同。

1. 6轴工业机器人

6轴工业机器人的本体组成有基座、腰关节、大臂、小臂、腕关节、连接法兰等，可以满足弧焊、机床上下料、打磨等多种用途的需要（图5-29）。

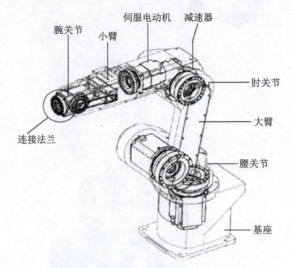

图 5-29 FANUC 工业机器人本体组成

下面以 FANUC M-20iB 为例介绍 FANUC 工业机器人本体结构。

FANUC M-20iB 是可搬运质量为 25~35kg 的中型搬运机器人。FANUC M-20iB 系列将轻质中空上臂和腕部与先进的伺服技术结合，旨在实现更快的循环和更高的生产能力，适用于各种应用。

对应于不同的用途，有三种类型可供选择。

1）FANUC M-20iB/25

FANUC M-20iB/25 是新一代 FANUC M-20iB 的第一款（图5-30）。其负载为 25kg，臂展为 1 853mm，重复定位精度为 0.02mm，用途包括中弧焊、装配、拾取及包装机床上下料、材料加工、码垛、物流搬运等。

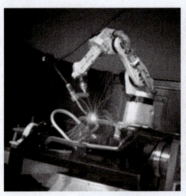

图 5-30 FANUC M-20iB

2）FANUC M-20iB/25C

FANUC M-20iB/25C 是用于洁净环境的工业机器人，特别适用于需要洁净功能的食品、医药品的搬运（图5-31）。

3）FANUC M-20iB/35S

FANUC M-20iB/35S 具有紧凑的机身，可以用于狭窄空间中的作业（图5-32）。其电缆、电

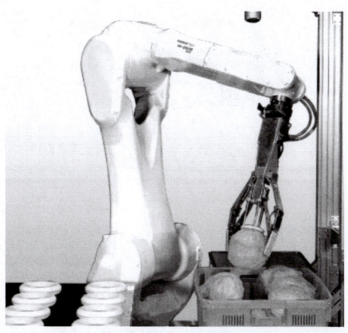

图 5-31　FANUC M-20iB/25C

动机不外露，达到 IP67 的密封结构标准，可用于各种环境。臂部的用户接口收容在防护罩内部，从而消除连接器的向外扩张趋势，减少与周围的干涉。其可以使用 iRVision（内置视觉功能）等高度的智能化功能。

FANUC M-20iB/35S 的应用领域包括弧焊、装配、拾取及包装、机床上下料、材料加工、码垛、物流搬运、点焊等。

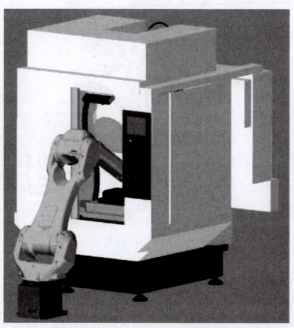

图 5-32　FANUC M-20iB/35S

图 5-33 所示为 FANUC M-20iB 本体结构。

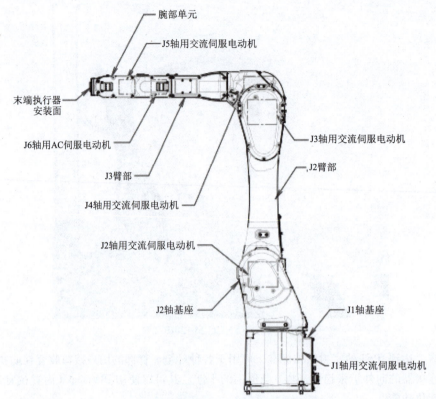

腕部单元

J5轴用交流伺服电动机

末端执行器
安装面

J6轴用AC伺服电动机

J3臂部

J4轴用交流伺服电动机

J2轴用交流伺服电动机

J2轴基座

J3轴用交流伺服电动机

J2臂部

J1轴基座

J1轴用交流伺服电动机

图 5-33　FUNUC M-20iB 本体结构

图 5-34 所示为 FANUC M-20iB 各轴坐标。在单轴运行时，应注意其各轴的运动方向。

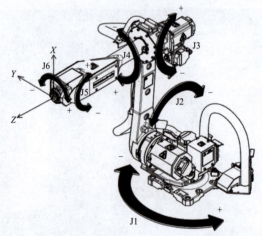

图 5-34　FANUC M-20iB 各轴坐标

2. 并联工业机器人

以 FANUC M-2iA 为例，它是一款中型高速搬运、装配用并联工业机器人，广泛应用于食品、3C 等行业（图 5-35）。腕部采用 3 轴旋转构造，适用于需要姿势变化的整列和组装等复杂作业。腕部采用 J1 轴旋转构造，适用于传送带上需要方向调整的高速整列作业以及工件高速整列作业。其采用完全密封的构造（IP69K），因此可以用高压喷流清洗。

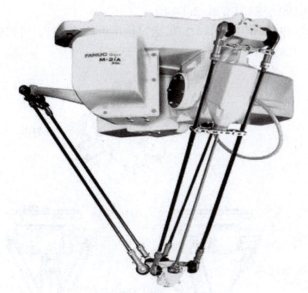

图 5-35 FANUC M-2iA

根据腕部自由度和动作范围的不同，有 4 种型号可供选择。

1）FANUC M-2iA/3S

FANUC M-2iA/3S 是前端装有旋转腕部的 4 轴工业机器人，其可搬运质量为 3kg，适用于对摆放在运转中的传送带上的物品进行高速整列（图 5-36）。

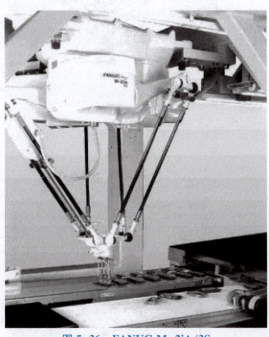

图 5-36 FANUC M-2iA/3S

2）FANUC M-2iA/6H

FANUC M-2iA/6H 是前端不使用旋转轴的 3 轴工业机器人，其可搬运质量为 6kg，适用于对物品的超高速整列。

3）FANUC M-2iA/3SL、FANUC M-2iA/6HL

FANUC M-2iA/3SL 和 FANUC M-2iA/6HL 通过使用更长的连杆，可以覆盖更大的动作范围（图 5-37）。

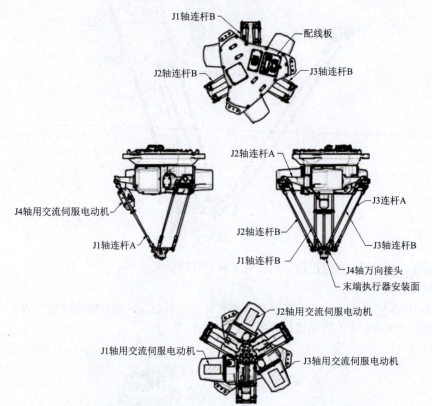

图 5-37　FANUC M-2iA/3SL 和 FANUC M-2iA/6HL 的机械结构

FANUC M-2iA 各坐标轴如图 5-38 所示。

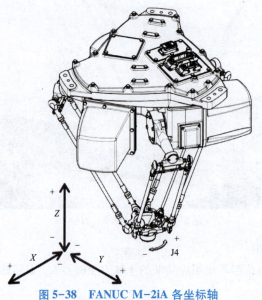

图 5-38　FANUC M-2iA 各坐标轴

（二）控制柜

控制柜内的所有部件+示教器=控制器。控制器根据工业机器人的作业指令程序以及传感器反馈的信号支配工业机器人的执行机构完成规定的运动和功能：一部分是对工业机器人自身运动的控制；另一部分是对工业机器人与周边设备的协调控制。FANUC 工业机器人控制柜主要分为 3 种，分别是 A 型控制柜、B 型控制柜和 Mate 型控制柜。3 种控制柜的结构基本相同，包括断路器、操作面板、USB 接口、风扇单元等。从控制柜的内部结构看，其都有安全板、主控制板伺服驱动单元（或轴卡）等，区别在于部件的具体结构和接口位置。从控制柜的尺寸看，Mate 型柜属于微型柜，A 型控制柜属于小型柜，B 型控制柜属于中型柜。下面以 FANUC R-30iB Mate 型控制柜为例进行介绍。

FANUC R-30iB Mate 型控制柜正面结构如图 5-39 所示，其内部结构如图 5-40 所示。

图 5-39　FANUC R-30iB Mate 型控制柜正面结构
1—风扇单元；2—操作面板；3—断路器；4—急停按钮；
5—循环启动按钮；6—模式开关；7—USB 接口；8—示教器

图 5-40　FANUC R-30iB Mate 型控制柜内部结构
1—急停按钮；2—模式开关；3—主板电池；4—6轴伺服放大器；
5—断路器；6—急停单元；7—热交换器；8—主板；9—后面板单元

1. 主板

主板上安装着两个微处理器、外围线路、存储器，以及操作面板控制线路。

2. 电源供给单元

电源供给单元将交流电转换成不同大小的直流电。

3. 主板电池

在控制板电源关闭之后，主板电池维持主板存储器状态不变。

4. 示教器

包括工业机器人编程在内的所有操作都能由该示教器完成。控制柜状态和数据都显示在示教器的触摸屏上。

5. 急停单元

急停单元控制着设备的急停系统，即磁电流接触器和伺服放大器预加压器，达到控制可靠的急停性能标准。

6. 伺服放大器

伺服放大器控制着伺服电动机的电源、脉冲编码器，进行制动控制、超行程以及手动制动。

7. 操作面板

操作面板用于启动工业机器人，以及显示工业机器人状态。其串行接口供外部设备连接，连接存储卡的接口用于备份数据。操作面板还控制着急停控制线路。

8. 断路器

断路器控制工业机器人系统的通电/断电，同时提供设备保护功能。

9. 变压器

变压器将输入的直流电转换成控制器所需的交流电。

10. 再生电阻器

为了释放伺服电动的逆向电场强度，在伺服放大器上连接一个再生电阻器。

11. 风扇单元/热交换器

风扇单元/热交换器用于控制单元内部降温。

(三) 示教器

FANUC 工业机器人使用示教器控制大多数操作。示教器的作用是移动工业机器人、编写程序、试运行程序、生产运行、查看工业机器人状态（I/O 设置、位置信息等）、手动运行工业机器人等。

示教器种类有单色示教器和彩色示教器（图 5-41）。

图 5-41　彩色示教器

下面以彩色示教器为例介绍示教器的开关和按钮（键）。

1. 示教器有效开关

示教器有效开关用于将示教器置于有效状态。示教器无效时，点动进给、程序创建、测试执行无法进行。

2. deadman 键

当示教器有效时，只有 deadman 键被按到适中位置，工业机器人才能运动，一旦松开或按紧deadman 键，工业机器人立即停止运动，并出现报警（图 5-42）。

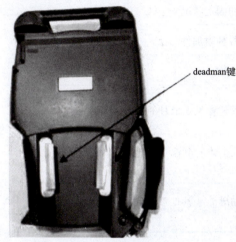

图 5-42　deadman 键

deadman键

3. 急停按钮

急停按钮通过切断伺服开关停止工业机器人和外部轴操作。在出现突发紧急情况时，及时按下急停按钮，工业机器人将停止运动；待危险或报警除后，顺时针旋转急停按钮，其将自动弹起而被释放。

4. 示教器键盘按键

示教器键盘按键由与菜单相关的按键、与点动相关的按键、与执行相关的按键、与编辑相关的按键和其他按键组成。

三、FANUC 工业机器人维护保养

（一）FANUC 工业机器人维护保养项目

在实际生产中，为了延长工业机器人的使用寿命、提高产品质量和降低事故率，需要对工业机器人进行维护保养，维护保养工作分为日常维护保养和定期维护保养两种。工业机器人每天运行时需要进行日常维护保养。定期维护保养工业机器人的周期可以分为日常、3 个月、6 个月、1 年、3 年。

FANUC 工业机器人维护保养内容见表 5-6。

表 5-6　FANUC 工业机器人维护保养内容

维护保养周期	维护保养内容	备注
日常	1. 不正常的噪声和振动，电动温度	
	2. 周边设备的工作情况	
	3. 每根轴的抱闸情况	有些型号只有 J2 轴、J3 轴抱闸

维护保养周期	维护保养内容	备注
3 个月	1. 控制柜的电缆	
	2. 控制器的通风	
	3. 连接工业机器人本体的电缆	
	4. 接插件的固定状况	
	5. 盖板和各种附加件	
	6. 灰尘和杂物	
6 个月	平衡块（其他参见 3 个月的维护保养内容）	某些型号不需要，具体参考机械保养手册
1 年	工业机器人本体的电池（其他参见 6 个月的维护保养内容）	
3 年	减速器的润滑油（其他参见 1 年的维护保养内容）	

（二）常规维护保养操作

下面以 FANUC M-20iB 为例，介绍具体的维护保养操作。

1. 文件备份和加载

FANUC 工业机器人维护保养（视频）

系统安装/升级后，要做一次文件备份（IMG 备份）；工业机器人正常运行时也要定期做文件备份；在任何程序/文件被修改后，要做好文件备份；为避免数据丢失，保存备份数据的设备要妥善存放。

1）文件类型

文件是数据在工业机器人控制柜存储器内的存储单元。

控制柜主要使用的文件类型如下。

（1）程序文件（＊.TP）。

（2）默认的逻辑文件（＊.DF）。

（3）系统文件（＊.SV），用于保存系统设置。

（4）I/O 配置文件（＊.I/O），用于保存 I/O 配置。

（5）数据文件（＊.VR），用来保存寄存器数据等。

2）文件的备份/加载设备

B 型控制柜可以使用的备份/加载设备有存储卡、USB 存储器、计算机（PC）。

Mate 型控制柜不能使用 CF 存储卡。

2. 备份/加载方法的异同

备份/加载方法的异同见表 5-7。

表5-7　备份/加载方法的异同

模式	备份	加载/还原
一般模式	1. 文件的一种类型或全部备份（Backup） 2. 镜像备份（Image Backup）（R-J3+C/R-30+A/R-30+B)	单个文件加载（Load） 注意： （1）写保护文件不能被加载； （2）处于编辑状态的文件不能被加载； （3）部分系统文件不能被加载
控制启动模式 （Controlled Start）	1. 文件的一种类型或全部备份（Backup）； 2. 镜像备份（Image Backup）（R-J3+C/R-30+A/R-30+B)	单个文件加载（Load）； 一种类型或全部文件（Restore）。 注意： （1）写保护文件不能被加载； （2）处于编辑状态的文件不能被加载
启动监视模式 （Boot Monitor）	镜像备份 （Image Backup）	镜像还原 （Image Restore）

3. 文件的备份/加载方法

文件的备份/加载方法有一般模式下的备份/加载和控制启动模式下的备份/加载。

下面以选择存储卡为例，讲解一般模式下的备份/加载。

1）备份/加载的准备工作

（1）选择备份/加载的设备的步骤见表5-8。

表5-8　选择备份/加载的设备的步骤

序号	操作步骤	示意图
1	选择"MENU"→"FILE"→"UTIL"选项，显示右图画面。 Set Device（切换设备）：存储设备设置； Format（格式化）：存储卡格式化； Make DIR（创建目录）：建立文件夹	
2	移动光标选择"Set Device"选项，按Enter键确认，显示右图画面	
3	选择存储设备类型，如存储卡（MC），按Enter键确认，如右图所示	

（2）格式化存储卡的步骤见表5-9。

表5-9　格式化存储卡的步骤

序号	操作步骤	示意图
1	按以上选择备份/加载的设备的步骤选择设备为 MC，然后再次按 F5 键，显示右图画面	
2	移动光标选择"Format"选项，按 Enter 键确认，显示右图画面	
3	按 F4 键确认格式化，显示右图画面；请输入卷标	
4	移动光标选择输入类型，用 F1～F5 键输入卷标，或直接按 Enter 键确认	

（3）建立文件夹的步骤见表5-10。

表5-10　建立文件夹的步骤

序号	操作步骤	示意图
1	按以上选择备份/加载的设备的步骤选择设备为 MC，然后再次按 F5 键，显示右图画面	
2	移动光标选择"Make DIR"选项，按 Enter 键确认，显示右图画面	

序号	操作步骤	示意图
3	移动光标选择输入类型，用 F1～F5 键或数字键输入文件夹名（Eg：M_10IA），按 Enter 键确认，显示右图画面	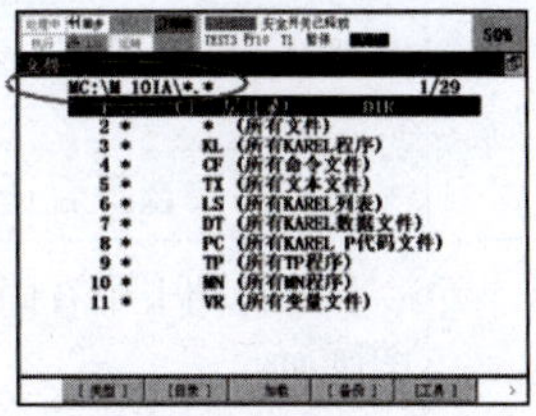
4	注意： （1）目前路径为 MC:\\ M_10IA \\，把光标移至上一层目录行，按 Enter 键确认，可退回前一个目录，如右图所示； ②选择文件夹名，按 Enter 键确认，即可进入该文件夹	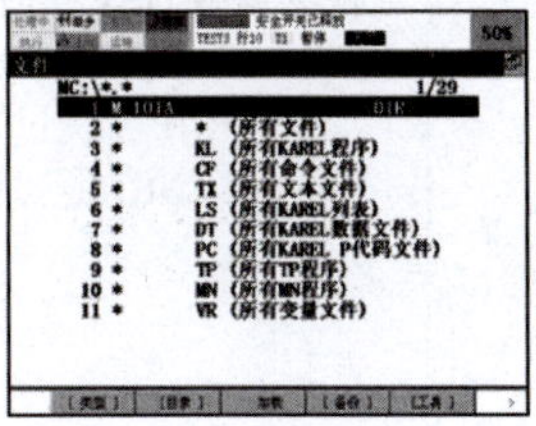

2）文件备份的步骤

文件备份的步骤见表 5-11。

表 5-11　文件备份的步骤（1）

序号	操作步骤	示意图
1	选择"MENU"→"FILE"→"UTIL"→"Set Device"选项，选择存储设备类型，如 MC，按 Enter 键，确认当前的外部存储设备，如右图所示	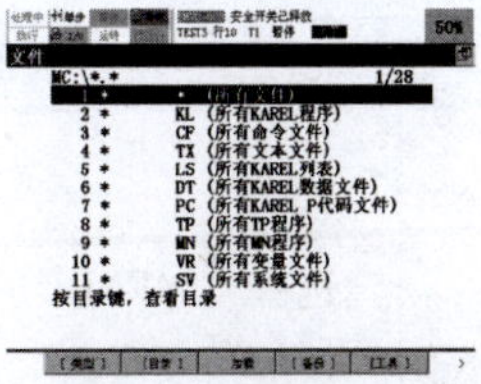
2	创建文件夹，或者进入备份将要放入的文件夹（如之前建立的文件夹 M_10IA）	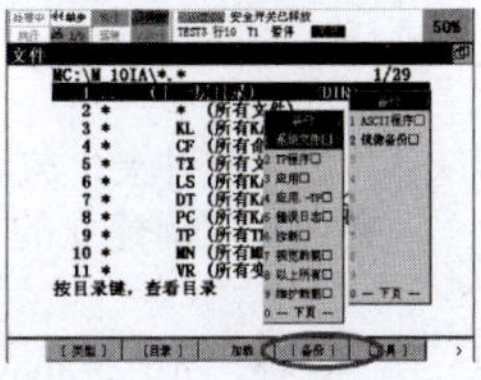
3	按 F4 键，出现以下选项： System files（系统文件）：系统文件； TP programs（TP 程序）：TP 程序； Application（应用）：应用文件； Applic.-TP（应用.-TP）：TP 应用文件； Error log（错误日志）：报警文件； Diagnostic（诊断）：诊断文件； All of above（以上所有）：全部； Image backup：镜像备份（只有 R-30+A、R-J3+C、R-30+B 控制柜才有此项）	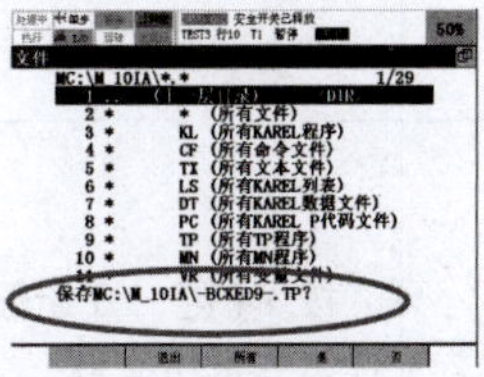
	可以选择所需要的文件类型或全部文件进行备份，这里以选择"TP programs"选项为例	

序号	操作步骤	示意图
4	选择"TP programs"选项，按 Enter 键确认	
5	根据需要选择合适的选项	
6	如果存储卡中有同名文件存在，则会显示右图画面	
7	根据需要选择合适的选项： （1）OVERWRITE：覆盖； （2）SKIP：跳过； （3）CANCEL：取消	
8	备份完毕，回到右图画面	

注意：若备份时，选择"All of above"选项，则步骤见表 5-12。

表 5-12　文件备份的步骤（2）

序号	操作步骤	示意图
1	选择"MENU"→"FILE"→"BACKUP"选项	
2	创建文件夹，或者进入备份将要放入的文件夹（如之前建立的文件夹 M_10IA）	
3	选择"All of above"选项，按 Enter 键确认，屏幕中出现以下内容：Delete MC:\\M_10iA \\before backup files?（删除 MC:\\M_10IA \\并备份所有文件?）。 按 F4 键确认； 按 F5 键取消操作	
4	按 F4 键，开始删除 MC:\\M_10IA \\下的文件，并备份文件	

3）一般模式下加载的步骤

一般模式下加载的步骤见表 5-13。

表 5-13　一般模式下加载的步骤

序号	操作步骤	示意图
1	选择"MENU"→"FILE"选项，显示右图画面。注：确认当前的外部存储设备路径（如 MC:\ ＊.＊ ）	
2	按 F2 键，显示右图画面	
3	移动光标在"Directory Subset"中选择查看的文件类型，选择"＊.＊"选项显示该目录下的所有文件夹和文件	
4	移动光标至文件所在的文件夹名上，按 Enter 键进入文件夹（如 M_10IA），如右图所示	
5	移动光标，选择要加载的文件	
6	按 F3 键，如右图所示	
7	屏幕中出现"Load MC:\\M_10IA\\A123.TP?"（加载 MC:\\M_10IA\\A123.TP 吗?）。按 F4 键确认；按 F5 键取消操作	
8	按 F4 键，进行加载	
9	加载完毕，屏幕显示"Loaded MC:\\M_10IA\\A123.TP"（已经加载 MC:\\M-10_IA\\A123.TP），如右图所示	

序号	操作步骤	示意图
10	若控制柜 SRAM 中有同名文件存在，则第7步后会显示右图画面。 按 F3 键覆盖原有文件； 按 F4 键不覆盖原有文件，跳到下一个文件； 按 F5 键取消操作	MC:\M_10IA\A123.TP已经存在
11	选择合适的选项，加载完毕后显示右图画面	已经加载MC:\M_10IA\A123.TP

4. 更换电池

1）工业机器人本体电池的更换

工业机器人各轴的位置数据通过后备电池保存。在电池为内置电池（图 5-43）的情况下，每年进行定期更换。此外当出现后备电池的电压下降报警（SRVO-065）时，应该及时更换电池。

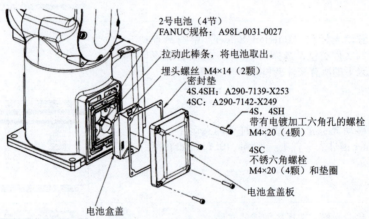

图 5-43 内置电池的位置

工业机器人本体电池的更换步骤如下。

（1）更换电池时，为了预防危险，必须按下急停按钮。

（2）务必将工业机器人电源置于 ON 状态，若在工业机器人电源处于 OFF 状态时更换电池，将导致当前位置信息丢失，这样需要进行零点标定。

（3）拆除电池盒盖，如图 5-44 所示。当电池盒盖无法拆除时，可用塑料锤子轻轻地横着敲一下。

（4）拧松埋头螺丝，拆除电池盒盖，更换电池。此时，通过拉动电池盒中央的棒条，取出电池。

（5）按照相反的步骤进行装配。注意不要弄错电池的正负极。此时，务必换上一个新的密封垫。

（a）　　　　　　（b）

图 5-44 电池盒盖和电池

（a）电池盒盖；（b）电池

2）控制柜主板电池的更换

程序和系统变量存储在控制柜主板的 SRAM 中，由一节位于主板上的锂电池（图 5-45）供电，以保存数据。当电池的电压不足时，则会在示教器上显示报警（SYST-035 Low or No Battery Power in PSU）。

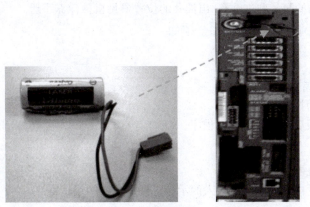

图 5-45　锂电池

当电池的电压变得更低时，SRAM 中的内容将不能备份，这时需要更换电池，并将原先备份的数据重新加载。因此，平时注意用存储卡或软盘定期备份数据。控制柜主板电池每 2 年更换一次。

控制柜主板电池的更换步骤如下。

（1）准备一节新的 3V 锂电池（推荐使用 FANUC 原装电池）。

（2）工业机器人通电开机正常后，等待 30s。

（3）关闭工业机器人电源，打开控制柜，拉出电池单元，取出主板上的旧电池。

（4）安装准备好的新电池，将电池单元推入控制柜。

5. 更换润滑油

工业机器人每工作 3 年或 10 000h，需要更换 J1～J6 轴减速器润滑油和 J4 轴齿轮盒润滑油，某些型号如 S-430 R-2000 等工作每半年或 1 920h 还需更换平衡块轴承的润滑油。

1）更换减速器和齿轮盒润滑油的步骤

（1）关闭工业机器人电源。

（2）拔掉出油孔塞子。

（3）从进油孔处加入润滑油，直到出油孔处有润滑油溢出时，停止加油。

（4）让被加油的轴反复转动，直到没有润滑油从出油孔溢出。

（5）把出油孔的塞子重新装好。

注意：错误的操作将导致密封圈损坏，为了避免发生错误，操作人员应考虑以下几点。

（1）更换润滑油之前，要将出油孔塞子拔掉。

（2）使用手动油枪缓慢加入润滑油。

（3）避免使用工厂提供的压缩空气作为油枪的动力源，如果非用不可，则压力必须控制在 75kgf/cm① 以内。

（4）必须使用规定的润滑油，其他润滑油会损坏减速器。

---

① 1kgf≈9.8N，kgf（千克力）不是法定单位，现已不使用。

（5）润滑油更换完成后，确认没有润滑油从出油孔溢出，将出油孔塞子装好。

（6）为了防止滑倒事故的发生，将工业机器人上和地板上的油迹彻底清除干净。

2）更换平衡块轴承润滑油的步骤

直接从进油孔处加入润滑油，每次约 $10cm^3$。

需要更换润滑油的数量和进油孔/出油孔的位置参见机械保养手册。

四、FANUC 工业机器人操作安全须知

（一）作业人员的安全操作权限

1. 现场操作人员

（1）打开或关闭控制柜电源。

（2）从操作面板启动工业机器人程序。

2. 编程人员

（1）操作工业机器人。

（2）在安全围栏内进行工业机器人的示教、外围设备的调试等。

3. 设备维护人员

（1）操作工业机器人。

（2）在安全围栏内进行工业机器人的示教、外围设备的调试等。

（3）进行维护（修理、调整、更换）作业。

注意事项如下。

（1）操作人员不能在安全围栏内作业。

（2）编程人员及设备维护人员可在安全围栏内作业（安全围栏内的作业包括移机、设置、示教、调整、维护等）。

（3）在安全围栏内作业的人员必须接受规定的关于 FANUC 工业机器人的专业培训。

（二）安全操作规范

（1）必须知道工业机器人控制柜和外围控制设备上的急停按钮的位置，在紧急情况下按下急停按钮。

（2）在运行工业机器人之前，确认工业机器人的外围设备没有异常或危险状况。

（3）当在工业机器人工作区域编程示教时，应设置相应的看守人员，保证工业机器人在紧急情况下能迅速停止。

（4）示教和点动工业机器人时不要戴手套操作。点动工业机器人时要尽量采用低速操作，以便在遇到异常情况时有效控制工业机器人停止。

（5）不要认为工业机器人处于不运动状态时就认为工业机器人已经停止，它有可能是在等待让它继续运动的输入信号。

（三）紧急情况处理

1. 停止系统

按下距离最近的急停按钮。

2. 确保已经排除所有危险

将危险情况解除，确保已经排除所有危险。

3. 释放急停按钮

低速调整工业机器人的姿态并重置引起急停状态的设备。

4. 查看报警履历，解除报警

查看报警履历，将存在的报警解除。

（四）维护保养人员的安全

维护保养人员必须接受必要的培训，对工业机器人进行维护保养时必须遵循以下原则。

（1）要有必要的安全措施保护维护保养人员。

（2）在工业机器人运行过程中不得进入工业机器人的动作范围。

（3）应尽可能在断开控制装置电源的状态下进行维护保养作业，应根据需要用锁等锁住主断路器，以使其他人员不能接通电源。

（4）在通电中迫不得已进入工业机器人的动作范围时，应在按下操作箱/操作面板或者示教的急停按钮后再进入。此外，应挂上"正在进行维护保养作业"的标牌，提醒其他人员不要随意操作工业机器人。

（5）在进行气动系统的分离时，应在释放供应压力的状态下进行操作。

（6）在进行维护保养作业之前，应确认工业机器人或者外围设备没有处在危险的状态中并且没有异常。

（7）当工业机器人的动作范围内有人时，切勿执行自动运转操作。

（8）在墙壁和器具等旁边进行作业时，或者几个作业人员相互接近时，应注意不要堵住其他作业人员的逃生通道。

（9）当工业机器人上备有刀具时，以及除了工业机器人外还有传送带等可动器具时，应充分注意这些器具的运动。

（10）作业时应在操作箱/操作面板的旁边配置一名熟悉工业机器人且能察觉危险的人员，使其处在任何时候都可以按下急停按钮的状态。

（11）在更换部件或重新组装时，应注意避免异物的粘附或者异物的混入。

（12）在检修控制装置的内部时，如需要触摸单元、印刷电路板等，为了预防触电，务必先断开控制装置的主断路器的电源，而后再进行作业。在有两台控制柜的情况下，应断开它们各自的断路器的电源。

（13）维护保养作业结束后重新启动工业机器人时，应事先充分确认工业机器人动作范围内是否有人、工业机器人和外围设备是否异常。

（14）需更换部件时，务必先阅读工业机器人维修说明书，并在理解操作步骤的基础上进行作业。

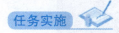
任务实施

FANUC 工业机器人常见故障的处理

一、FANUC 工业机器人通电和关电

1. 选择 FANUC 工业机器人作业人员的操作权限

在表 5-14 中选择 FANUC 工业机器人作业人员的操作权限（在对应的选项中打√即可）。

表 5-14　FANUC 工业机器人作业人员的操作权限

操作内容	现场操作人员	编程人员	设备维护人员
打开/关闭控制柜电源			

操作内容	现场操作人员	编程人员	设备维护人员
选择操作模式（AUTO、T1、T2）			
选择 Remote/Local 模式			
用示教器选择工业机器人程序			
用外部设备选择工业机器人程序			
在操作面板上启动工业机器人程序			
用示教器启动工业机器人程序			
用操作面板复位报警			
用示教器复位报警			
在示教器上设置数据			
用示教器示教			
用操作面板紧急停止工业机器人			
用示教器紧急停止工业机器人			
打开安全门紧急停止工业机器人			
进行操作面板的维护			
进行示教器的维护			

FANUC 工业机器人控制柜操作面板如图 5-46 所示。

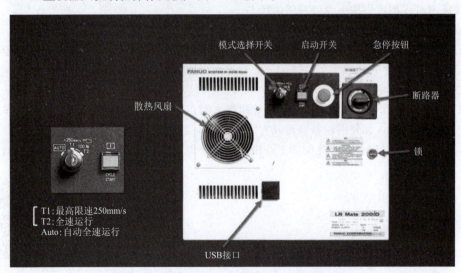

图 5-46　FANUC 工业机器人控制柜操作面板

2. FANUC 工业机器人通电和关电

1）通电

（1）将操作面板上的断路器置于 ON 状态。

（2）接通电源前，检查工作区域包括工业机器人本体、控制柜。

（3）将操作面板上的电源开关置于 OFF 状态。

2）关电

（1）通过操作面板上的急停按钮停止工业机器人。

（2）将操作面板上的电源开关置于 OFF 状态。

（3）将操作面板上的断路器置于 OFF 状态。

注意：如果有外部设备诸如打印机、软盘驱动器、视觉系统等和工业机器人相连，则在关电前要先将这些外部设备关闭，以免损坏。

3. 模式开关

模式开关共有 3 种模式选择：AUTO 为生产模式，TI 为调试模式 1，T2 为调试模式 2（图 5-47）。

图 5-47　模式开关

1）AUTO（生产模式）

（1）操作面板有效。

（2）可通过操作面板的启动开关或外围设备的 I/O 信号来启动工业机器人程序。

（3）安全围栏信号有效。

（4）工业机器人能以指定的最大速度运行。

2）TI（调试模式 1）

（1）程序只能通过示教器来激活。

（2）工业机器人的运行速度被限制在 250mm/s 以下。

（3）安全围栏信号无效。

3）T2（调试模式 2）

（1）程序只能通过示教器来激活。

（2）工业机器人能以指定的最大速度运行。

（3）安全围栏信号无效。

二、更换 FANUC 工业机器人本体电缆

需要用到的工具包括内六角扳手一套、斜口钳、十字螺丝刀、一字螺丝刀、鱼嘴钳、退针器、尼龙扎带若干。

更换 FANUC 工业机器人本体电缆的步骤见表 5-15。

表 5-15　更换 FANUC 工业机器人本体电缆的步骤

序号	操作步骤	示意图
1	将工业机器人置于所有轴 0° 的位置（在特殊情况下也可以置于其他位置），做好存储卡备份和镜像备份，然后断开控制柜的电源	
2	从工业机器人基座的配线板上拆卸控制柜侧的电缆	
3	将配线板拆出	
4	将工业机器人本体电缆与外罩分离	
5	将电池盒接线端子拆卸	
6	将 J1 轴基座的内部接地端子拆卸	

学习笔记

序号	操作步骤	示意图
7	将工业机器人本体电缆插头完全分离	
8	拆卸 J1、J2 轴编码器插头盖板，然后拆卸各轴编码器插头（拔除编码器插头会导致零位，在更换电动机、编码器、减速器、电缆以外的情况下，请勿拆卸编码器插头）	
9	拆卸电缆各轴的动力接头	
10	拆卸电缆各轴的刹车接头	
11	拆卸 J2 轴基座上的盖板	
12	拆卸 J1 轴上侧夹紧电缆的盖板	

学习笔记

序号	操作步骤	示意图
13	拆卸 J1 轴基座内的板，拧下固定电缆夹的螺栓	
14	将工业机器人本体插头从 J1 轴基座管部拉出	
15	拧下 J2 轴侧板的紧固螺钉	
16	拆卸 J2 轴臂部的盖板	
17	拆卸电缆的夹紧盖板	
18	拆卸电缆的防护布	

序号	操作步骤	示意图
19	拆卸 J3 轴外壳的正面配线板	
20	拆卸 J3 轴外壳的左侧盖板 1	
21	拆卸 J3 轴外壳的左侧盖板 2	
22	拆卸 J3 轴外壳右侧走线板	
23	将 J3~J6 轴电缆穿过铸孔，并将其拉到正面，然后切断束紧计划更换电缆的尼龙扎带，从而拆除电缆	
24	将电缆用尼龙扎带束紧后，用螺栓将电缆固定在 J2 轴臂部	

序号	操作步骤	示意图
25	将盖板安装到 J2 轴臂部	
26	新电缆在需要固定并扎紧的部位有黄色胶带标记，按照标记固定并束紧尼龙扎带，绑得过后或者过前会导致之后的走线不顺畅	
27	用尼龙扎带将电缆束紧，将 J1 轴的上侧盖板固定在 J2 轴基座上	
28	安装好侧边的盖板	
29	将电缆穿过平衡缸下侧，注意电缆的修整，避免电缆与平衡缸相互干涉	
30	将电缆从 J1 轴管孔穿过	

学习笔记

序号	操作步骤	示意图
31	将电缆拉到 J1 轴基座后侧，在线夹处用尼龙扎带将电缆固定好	
32	如果更换工业机器人本体编码器电缆，则需要用退针器将 30、37 号针脚的短接插头（超程信号）退出，装到新的电缆中	
33	将插头固定在配线板上，将地线接好，将电池盒电缆接好（注意正负极，不要装反）	
34	将 J3~J6 轴电动机插头从 J3 轴外壳侧穿过其中的铸孔	
35	将 J3~J6 轴电缆固定在安装板上	
36	将 J3 轴外壳的各盖板安装好	

学习笔记

序号	操作步骤	示意图
37	将各轴的电动机编码器、刹车、动力接头连接好。安装好 J1~J2 轴的编码器保护板	
38	检查各盖板螺栓是否齐全、拧紧	
39	接通电源后，重新校准工业机器人零位，检查工业机器人状态是否正常	

项目评价表

各组展示任务完成情况，包括介绍计划的制定、任务的分工、工具的选择、任务完成过程视频、运行结果视频，整理技术文档并提交汇报材料，进行小组自评、组间互评、教师评价，完成项目评价表（表5-16）。

表 5-16 项目评价表

序号	评价项目	评价内容	分值	自评（35%）	互评（35%）	师评（30%）	合计
1	理论知识理解	能正确阐述新松和 FANUC 工业机器人的结构	5				
		能正确阐述新松和 FANUC 工业机器人维护保养内容	5				
		能正确阐述不同品牌工业机器人常见的故障处理方法	5				
2	实际操作技能	能熟练更换新松工业机器人轴电动机	5				
		能正确进行 FANUC 工业机器人的通电和关电	5				

序号	评价项目	评价内容	分值	自评（35%）	互评（35%）	师评（30%）	合计
2	实际操作技能	在FANUC工业机器人本体电缆更换过程中严肃认真、精益求精	5				
3	专业能力	计划合理，分工明确	10				
		爱岗敬业，具有安全意识、责任意识、服从意识	10				
		能进行团队合作、交流沟通、互相协作，能倾听他人的意见	10				
		遵守行业规范、现场"6S"标准	10				
		主动性强，保质保量完成被分配的相关任务	10				
		能独立思考，采取多样化手段收集信息，解决问题	10				
4	创新意识	积极尝试新的想法和做法，在团队中起到积极的推动作用	10				

练习与思考

一、选择题

1. FANUC工业机器人由（　　　）组成。（多选）

A. 工业机器人本体　　　　　　B. 控制柜　　　　　　C. 示教器

2. （　　　）广泛应用在食品、3C等行业。

A. 串联工业机器人　　　　　　B. 码垛工业机器人　　　C. 并联工业机器人

3. 在实际生产中，为了延长工业机器人的使用寿命、提高产品质量和降低事故率，要对工业机器人进行（　　　）。

A. 日常维护保养　　　　　　　B. 定期维护保养　　　　C. 日常维护保养和定期维护保养

4. 关于文件备份和加载，说法正确的是（　　　）。（多选）

A. 系统安装/升级后，要做一次文件备份（IMG备份）

B. 工业机器人正常运行时要定期做文件备份

C. 在任何程序/文件被修改后，要做好文件备份

二、判断题

1. 在进行气动系统的分离时，应在释放供应压力的状态下进行操作。（　　　）

2. 示教和点动工业机器人时不要戴手套操作，点动工业机器人时要尽量采用低速操作，以便在遇到异常情况时可有效控制工业机器人停止。（　　　）

3. 在进行维修作业之前，应确认工业机器人或者外围设备没有处在危险的状态中并且没有异常。（　　　）

4. 现场操作人员可以在安全围栏内作业。（　　）

5. 工业机器人处于不运动状态时，工业机器人就停止工作了，这时很安全。（　　）

三、简答题

1. 简述 FANUC 工业机器人开机关机的步骤。

2. 简述更换 FANUC 工业机器人本体电缆的步骤。

参考文献

[1] 谢光辉．工业机器人系统调试与维护［M］.北京：机械工业出版社，2020.

[2] 刘跃南．机械基础［M］.北京：高等教育出版社，2020.

[3] 邢美峰．工业机器人电气控制与维修［M］.北京：电子工业出版社，2016.

[4] 叶辉．工业机器人故障诊断与预防维护实战教程［M］.北京：机械工业出版社，2021.

[5] 刘朝华．工业机器人机械结构与维护［M］.北京：机械工业出版社，2020.

[6] 双元教育．工业机器人系统维护与维修［M］.北京：高等教育出版社，2022.